SCOPOS

Springer
*Berlin
Heidelberg
New York
Barcelone
Hong Kong
Londres
Milan
Paris
Singapour
Tokyo*

François Sauvageot

Petits problèmes de géométries et d'algèbre

Issus des concours d'entrée
à l'Ecole normale supérieure de Cachan

Springer

François Sauvageot
Université Denis Diderot
Département de Mathématiques
2, place Jussieu
F-75251 Paris

En couverture: Enfant rêvant du mystère du monde

Mathematics Subject Classification (1991):
00A07, 51N20, 11C08, 11C20, 11D25, 11D88

Die Deutsche Bibliothek - CIP-Einheitsaufnahme

Sauvageot, François :
Petits problèmes de géométries et d'algèbre : issus des concours
d'entrée à l'Ecole Normale Supérieure de Cachan / François Sauvageot.
- Berlin ; Heidelberg ; New York ; Barcelona ; Hongkong ;
London ; Mailand ; Paris ; Singapur ; Tokio :
Springer 2000
(SCOPOS 7)
ISBN 3-540-65986-2

ISBN 3-540-65986-2 Springer-Verlag Berlin Heidelberg New York

Tous droits de traduction, de reproduction et d'adaptation réservés pour tous pays. La loi du 11 mars 1957 interdit les copies ou les reproductions destinées à une utilisation collective. Toute représentation, reproduction intégrale ou partielle faite par quelque procédé que ce soit, sans le consentement de l'auteur ou de ses ayants cause, est illicite et constitue une contrefaçon sanctionnée par les articles 425 et suivants du Code pénal.

Springer-Verlag is a company in the specialist publishing group
BertelsmannSpringer
© Springer-Verlag Berlin Heidelberg 2000
Imprimé en Allemagne
Maquette de couverture: *design & production* GmbH, Heidelberg
Printed on acid-free paper   SPIN 10700408   41/3143 - 5 4 3 2 1 0

À la lune et au soleil
Au parfum de la fleur de mai

Avant-propos

Dans ce recueil nous proposons des exercices posés au concours d'entrée à l'École Normale Supérieure de Cachan, option mathématiques. Ils couvrent une large part de la géométrie (euclidienne, affine, différentielle, algébrique etc.) et de l'algèbre (linéaire, multilinéaire, transcendante etc.) que l'on est amené à rencontrer dans le premier cycle des universités et des classes préparatoires aux grandes écoles scientifiques. Pour chacun d'eux nous donnons un énoncé, des indications (regroupées en fin d'ouvrage) et une solution détaillée. Cette solution est agrémentée de commentaires, quand il y a lieu, sur les notions mises en jeu. Il est à noter que ces exercices sont *absolument* indépendants tant au niveau de leur énoncé que de leur solution (parfois au prix de – légères – redites). Il est donc possible (et fortement conseillé) de les aborder dans un ordre arbitraire. Nous proposons également le sujet de l'écrit de l'épreuve en quatre heures, commune aux ENS de la rue d'Ulm et de Cachan, donné lors de la session de 1995. Nous en donnons une solution détaillée ainsi que des commentaires sur l'historique du sujet et des compléments.

La deuxième épreuve orale de mathématiques, d'une durée de quarante minutes, se déroulait sans préparation devant un jury composé de deux mathématiciens. Cette courte durée nous a toujours incités à ne pas trop laisser errer les candidats et à chercher le plus possible à dialoguer avec eux. Ce dialogue, permettant de tester les connaissances du candidat et son sens mathématique, est au moins aussi important que la pure résolution du problème proposé. En d'autres termes, nous nous sommes plus attachés aux idées qu'à la technique. Il ne s'agit donc ni d'un livre d'exercices, ni d'un livre de cours, mais plutôt d'un manuel pour *apprendre des mathématiques*.

Durant les quatre années où j'ai participé à ce jury, il m'a semblé que nombre de candidats sont terrorisés à l'idée de dire une bêtise. C'est sans doute normal dans la situation d'un oral d'école d'ingénieurs où l'on demande le plus souvent de savoir utiliser le cours à bon escient et sans erreur. Néanmoins dans le contexte des écoles normales, l'esprit a toujours été différent et nous avons tenté de débusquer l'attrait pour les mathématiques, la compréhension des phénomènes derrière des apparences de chiens savants. L'oral étant, par sa nature même, une discussion, l'erreur n'y est pas si pénalisante que cela, même si elle n'est pas souhaitable ! D'aucuns diraient qu'elle est naturelle (voire fondamentale) dans le processus créatif qu'est la recherche en mathématique. Bref si un candidat a une idée il est complètement normal qu'il en fasse part au jury !

Précisons toutefois qu'une idée n'est pas une astuce de calcul et qu'un flot de paroles n'est pas un substitut ! En particulier, aller « à la pêche », i.e. faire la liste des théorèmes que l'on connaît en espérant une indication du jury, n'a jamais contribué à une évaluation positive de la prestation ...

Les exercices proposés sont non standard, d'une longueur et d'une difficulté inhabituelle. Ces petits problèmes visaient à juger les réactions et la maîtrise du cours. Sur les points faciles ou fondamentaux, nous attendions de solides connaissances et surtout un recul et un sens critique. On peut se tromper en citant un théorème, mais la faute n'est pas pardonnable quand on réfléchit à ce qui doit être vrai. Par exemple ne plus se souvenir *a tempo* de la formule pour le reste intégral dans la formule de Taylor ne nous a pas fait déclencher les foudres célestes, mais ne pas savoir l'interpréter, notamment pour $n = 0$, dénote une absence de recul face au cours qui nous a chagrinés.

Le plus souvent les questions posées sont subtiles et n'appellent pas une réponse immédiate. Il ne faut pas non plus croire que nous attendions une résolution *in extenso* de l'exercice : bien comprendre la question posée, quels problèmes elle soulève et en commencer la résolution était déjà bien en quarante minutes.

Par exemple la compréhension du problème est bien souvent guidée par l'étude de cas particuliers ou d'analogues plus élémentaires (un exercice dans $\mathbb{R}^3$ peut être d'abord résolu dans $\mathbb{R}^2$, un autre sur les matrices peut d'abord être résolu dans le cas diagonalisable etc.).

Dans le même ordre d'idées, l'emploi de figures est loin d'être inutile. De plus, un raisonnement géométrique est parfaitement admis et, contrairement aux critères de l'épreuve écrite, constitue une démonstration s'il est bien argumenté.

Enfin nous n'avons cessé d'être surpris que l'utilisation de l'analyse pour des problèmes *a priori* algébriques déroute beaucoup de candidats.

Grâce au site Web http://www.cmla.ens-cachan.fr/scopos.html, il est possible de dialoguer avec, notamment, l'auteur de cet ouvrage qui accueillera avec plaisir les remarques et commentaires ou suggestions. Dans le cas, par exemple, où d'autres solutions seraient proposées, elles pourront y être publiées.

Je tiens à remercier Jean-Michel Ghidaglia pour son énergie et sa bonne humeur qui ont permis de renouveler la scolarité à l'ENS Cachan et d'en faire une porte ouverte sur la recherche à l'image de ses grandes sœurs. Je tiens également à adresser un clin d'œil à ceux avec qui j'ai eu le plaisir de partager la salle d'examination : Frédéric Hélein, Jean-Jacques Risler et Marc Hindry. Enfin j'adresse un profond et sincère remerciement à Corinne Blondel qui a bien voulu relire ce manuscrit et en éclaircir la rédaction.

Mode d'emploi

Ce livre est décomposé en cinq chapitres, trois consacrés aux petits problèmes et deux au problème. Pour le problème et ses compléments, il s'agit d'énoncés qui ont été effectivement posés pour être résolus en temps limité et seul face à sa feuille. Ainsi le passage d'une question à l'autre est relativement naturel et les questions délicates sont préparées par des questions préliminaires.

Il n'en est pas de même pour les petits problèmes qui sont nettement plus difficiles pour la plus grande part. Ils ont dans les faits servi de base à une discussion entre le candidat et l'interrogateur, ce dernier fournissant volontiers des pistes ou des indications. Afin de restituer cette situation, nous avons regroupé au chapitre 5 quelques indications pour la résolution des 29 petits problèmes. Ainsi nous suggérons à ceux qui souhaitent résoudre ces exercices de se reporter à ces indications au fur et à mesure de leur progression et de ne pas faire appel immédiatement au corrigé.

Les corrections sont agrémentées de commentaires. Ceux-ci assurent l'unité de l'ouvrage en indiquant aussi les liens entre les diverses questions rencontrées. Il est donc recommandé de refaire « à tête reposée » (ou encore au cours de révisions) les exercices et problèmes en travaillant cette fois les commentaires, parfois à l'aide des ouvrages qui y sont cités.

D'une manière générale, les questions posées ne demandent pas de longs développements calculatoires, elles privilégient l'intuition géométrique et la réflexion.

Table des matières

Avant-propos VII

Chapitre 1. Énoncés des 29 petits problèmes 1

§1. Égalités — méthodes algébriques 1
§2. Égalités — méthodes transcendantes 5
§3. Invariants et autres caractérisations 8
§4. Problèmes de densité 13
§5. Géométrie du « continu » 16
§6. Algèbre linéaire, quadratique ou multilinéaire 19

Chapitre 2. Énoncés du problème et des compléments 23

Chapitre 3. Solutions des 29 petits problèmes 32

1 – Une équation diophantienne cubique 33
2 – Résolution des équations de degré 4 37
3 – Théorie de Galois élémentaire 43
4 – Théorème de Fermat pour les polynômes 45
5 – Une équation matricielle 50
6 – Transcendance de e 53
7 – Racines carrées de -1 dans $\mathbb{Q}_p$ 58
8 – Zéros de certaines séries de Fourier 64
9 – Sur l'inégalité arithmético-géométrique 67
10 – Dimension de Hausdorff d'un compact de $\mathbb{R}^n$ ... 71
11 – Ensembles semi-algébriques 76
12 – Coordonnées de Plücker des plans de $\mathbb{R}^4$ 80
13 – Polygones à sommets entiers 83
14 – Pavages par des losanges 87
15 – Porisme de Steiner 93
16 – Densité des points rationnels d'une sphère 96
17 – Principe d'approximation forte 101
18 – Autour du théorème de Weierstraß-Stone 105
19 – Autour du théorème de Dirichlet 110
20 – Racines carrées continûment différentiables 114
21 – Polynômes hyperboliques 116
22 – Sur les surfaces minimales 119
23 – Le théorème de Brouwer en dimension 2 124
24 – Matrices de Householder 127
25 – Déterminants de Vandermonde lacunaires 130
26 – Caractérisation des fractions rationnelles 131
27 – Le théorème de Banach-Steinhaus 134
28 – Caractères de $\mathcal{C}(\mathcal{K}, \mathbb{R})$ ... 136

29 – Théorème de Pascal généralisé 138

Chapitre 4. Solutions du problème et des compléments 141

Chapitre 5. Indications pour les 29 petits problèmes 162

Index 171

Chapitre 1
Énoncés des 29 petits problèmes

§1. Égalités — méthodes algébriques

La première préoccupation des mathématiciens a peut-être été de décrire les phénomènes par des égalités, puis des inégalités. Les moyens pour y parvenir ont bien entendu évolué au cours des siècles et de l'apparition de nouvelles techniques. On s'est d'abord intéressé aux entiers et, avec les problèmes linéaires, aux rationnels. Puis, en voulant résoudre des problèmes de degré plus élevé (pour des surfaces, des volumes ou pour répondre à des oracles) on a rapidement dû sortir de ce cadre et s'autoriser des constructions géométriques (règle, compas etc.) et des opérations algébriques (radicaux, i.e. extraction de racines, etc.). Les sources de problèmes, quant à elles, sont restées diverses, des nombres entiers aux polynômes ou aux matrices.

En premier exemple nous donnons une équation diophantienne (Diophante d'Alexandrie, IIIe siècle?). Si l'on sait résoudre complètement les équations (ou systèmes d'équations) du premier degré en nombres entiers, grâce à l'algorithme d'Euclide (IIIe siècle avant notre ère) amélioré par Bézout (XVIIIe siècle), il n'en est pas de même, et de loin, pour les équations de degré supérieur. Pythagore (VIe siècle avant notre ère) connaissait bien les solutions de $x^2 + y^2 = z^2$, mais ce genre de résolutions restent rares encore de nos jours. Et les techniques mises en place évoluent bien loin des nombres entiers. La première généralisation de l'anneau des entiers est donnée par les anneaux dans lesquels on a encore une division euclidienne (comme $\mathbb{R}[X]$). On trouvera dans le premier exercice un autre exemple permettant de s'attaquer à l'équation $x^3 = y^2 + 2$.

Dans le domaine des équations en nombres réels (ou complexes), on a longtemps cherché à résoudre les équations polynomiales par des formules (en s'autorisant uniquement les quatre opérations élémentaires et la prise de radicaux). Si l'équation du deuxième degré est facilement résolue, il n'en est pas de même pour les équations de degré supérieur. C'est Gerolamo Cardano (XVIe siècle) qui donne une solution pour le degré trois dans son *Artis magnæ sive de regulis algebraicis*. Comme on le comprendra plus tard, il est obligé de sortir du champ réel même (et surtout) pour résoudre les équations à coefficients réels et trois racines réelles. Puis c'est son disciple, Ludivico Ferrari (XVIe siècle également) qui obtient la solution du degré quatre. Nous donnons une solution utilisant les coniques. Cette élégante solution a le grand avantage qu'une fois l'idée comprise la technique de mise en œuvre est élémentaire, contrairement aux calculs sur les groupes que demande la théorie de Galois. C'est en effet Évariste Galois (mort à 20 ans en 1832) qui a donné une interprétation générale de la résolubilité par radicaux en termes de groupes. Il a ainsi démontré que les équations de degré au moins cinq ne sont pas, en toute généralité, résolubles par radicaux. Sa théorie est un outil fondamental pour la théorie des extensions de corps (i.e. des corps en contenant un autre). On donne ici un problème élémentaire illustrant un concept de cette théorie : celui de polynôme minimal d'un nombre algébrique. La théorie des corps s'intéresse à d'autres corps que les corps de nombres, comme les corps de fonctions. On y retrouve la plupart des résultats obtenus dans le cadre des corps de nombres. On ne développera pas cet aspect ici (car il est assez ardu) mais on donnera, en clin d'œil, la démonstration de la conjecture « a, b, c » dans le cas des polynômes à coefficients complexes (approche qui se généralise au cas des corps de fonctions). Cette conjecture n'est pas, à l'heure actuelle, résolue et a de nombreuses ramifications. Elle entraîne en particulier le grand théorème de Fermat (qui a été démontré par Andrew Wiles en 1993). On terminera ce tour d'horizon des équations algébriques par une équation matricielle : comme dans $\mathbb{Z}$ la difficulté est que $M_n(\mathbb{C})$ n'est pas un corps, mais cette fois-ci on se trouve en sus dans un anneau non intègre, i.e. le produit de deux matrices non nulles peut très bien être nul, et ceci complique singulièrement l'analyse.

Exercice 1
Une équation diophantienne cubique

On note $\mathbb{Z}[i\sqrt{2}]$ l'ensemble des nombres complexes z pouvant s'écrire

$$z = a + ib\sqrt{2}$$

avec a et b entiers relatifs.

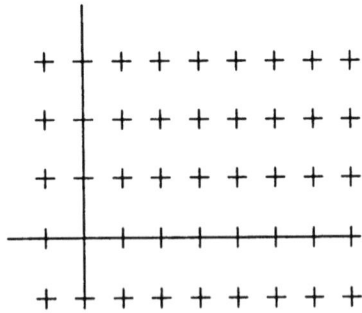

1. Montrer que pour tout couple (x,y) de complexes de $\mathbb{Z}[i\sqrt{2}]$ avec y non nul, il existe un couple (q,r) de complexes de $\mathbb{Z}[i\sqrt{2}]$ tel que $x = qy + r$ et $|r| < |y|$.

2. On dit qu'un complexe x de $\mathbb{Z}[i\sqrt{2}]$, distinct de 0, 1 et -1, est indécomposable (dans $\mathbb{Z}[i\sqrt{2}]$) s'il est impossible de le décomposer en produit de deux complexes y, z de $\mathbb{Z}[i\sqrt{2}]$ sans que $y = \pm 1$ ou $z = \pm 1$ (c'est l'analogue de la notion de nombres premiers dans $\mathbb{Z}$). Montrer que tout complexe x de $\mathbb{Z}[i\sqrt{2}]$,

distinct de 0, 1 et -1, s'écrit de façon unique (à l'ordre et au signe des facteurs près)
$$x = \pm \prod_{1 \leq i \leq n} p_i^{k_i}$$
avec n un entier naturel non nul, p_i des complexes de $\mathbb{Z}[i\sqrt{2}]$ indécomposables (distincts deux à deux) et k_i des entiers naturels non nuls.

3. Trouver tous les entiers relatifs x et y tels que $y^2 + 2 = x^3$.

Exercice 2
Résolution des équations de degré 4

1. On se donne une conique C de $\mathbb{R}^2$ grâce à une équation cartésienne $a_{11}x^2 + a_{22}y^2 + a_{33} + 2a_{12}xy + 2a_{13}x + 2a_{23}y = 0$. On suppose que C possède une infinité de points. À quelle condition sur les coefficients $(a_{ij})_{1 \leq i,j \leq 3}$ la conique C est-elle dégénérée (i.e. C contient une droite) ?

2. On se donne deux coniques C_0 et C_1 définies respectivement par des équations cartésiennes $Q_0(x,y) = 0$ et $Q_1(x,y) = 0$ (avec $Q_0, Q_1 \in \mathbb{R}_2[X,Y]$). Pour t réel, on note C_t la conique du plan définie par l'équation cartésienne $Q_t(x,y) = 0$ où $Q_t = tQ_1 + (1-t)Q_0$. Montrer que l'ensemble des réels t tels que C_t est dégénérée est formé des solutions d'une équation de degré au plus 3.

3. En déduire que l'on peut résoudre une équation de degré 4 à coefficients complexes en résolvant des équations de degré (strictement) inférieur. (On remarquera ou on admettra que le résultat de la question précédente est encore valide sur $\mathbb{C}$.)

Exercice 3
Théorie de Galois élémentaire

Soit P un polynôme à coefficients entiers (relatifs) et de terme constant impair. Montrer que pour toute racine réelle α de P, on a
$$\log(|\alpha|)/\log(2) \notin \mathbb{Q}_+^* \ ;$$
autrement dit $|\alpha|$ n'est pas une puissance rationnelle positive de 2.

Exercice 4
Théorème de Fermat pour les polynômes

1. Soit A, B et C des polynômes à coefficients complexes premiers entre eux dans leur ensemble et vérifiant $C = A + B$. Montrer que le nombre total de racines (comptées sans multiplicités) de A, B et C (c'est-à-dire le cardinal de $\{z \in \mathbb{C} \mid A(z)B(z)C(z) = 0\}$) est strictement supérieur au plus grand des degrés de ces trois polynômes.

2. En déduire que si n est un entier naturel supérieur ou égal à 3, il n'existe aucun triplet de polynômes A, B et C de $\mathbb{C}[X]$ non proportionnels et satisfaisant à $A^n + B^n = C^n$.

Exercice 5
Une équation matricielle

Soit A une matrice carrée d'ordre n à coefficients complexes. Trouver toutes les matrices X de $M_n(\mathbb{C})$ telles que $X^2 = A$. (On commencera par les petites dimensions.)

§2. Égalités — méthodes transcendantes

Dans une même veine on étudie des équations de nature transcendante. Le premier exemple est la transcendance de e (démontrée par Charles Hermite en 1873). C'est un des premiers exemples de nombre transcendant et aussi un résultat crucial dans la démonstration de la transcendance de π (par Ferdinand von Lindemann en 1882), ce dernier fait prouvant, du même coup, l'impossibilité de la « quadrature du cercle ». L'introduction du corps des réels (et de celui des complexes) est liée à ces problèmes et n'a été rendue rigoureuse que par Karl Weierstraß (deuxième moitié du XIXe siècle). Ce n'est pas la seule façon de « compléter » le corps des rationnels. On donne un aperçu du corps des nombres p-adiques et de quelques-unes de ses nombreuses différences avec $\mathbb{R}$.

Dans un autre registre on donne un résultat provenant en fait de la géométrie différentielle (une courbe fermée admet au moins quatre points où ses tangentes sont parallèles aux axes) que l'on a traduit en termes de séries de Fourier. On constatera que ce n'est en fait pas loin d'être un résultat d'algèbre linéaire sur l'indépendance des fonctions e^{kx} pour k variant.

On termine ce paragraphe d'équations par une inégalité : l'inégalité classique entre moyennes arithmétique et géométrique. Cette inégalité peut se démontrer de mille et une façons, la plus puissante étant certainement celle utilisant les inégalités de convexité afin de montrer que les moyennes d'ordre r sont ordonnées de façon croissante. On utilise ici une autre méthode, à l'aide de fractions rationnelles, qui permet de montrer l'inégalité entre moyennes pondérées.

Exercice 6
Transcendance de e

1. Soit P un polynôme à coefficients entiers. Montrer que, pour tout entier n supérieur à 2,
$$I = \int_0^{+\infty} e^{-x} \frac{x^{n-1}}{(n-1)!} P(x) dx$$
est un entier et le calculer modulo n.

2. En considérant
$$\left(\sum_{k=0}^{l} a_k e^k\right) \int_0^{\infty} e^{-x} \frac{x^{n-1}}{(n-1)!} P(x) dx$$
avec $P(X) = ((x-1)(x-2)\ldots(x-l))^n$, montrer que e n'est racine d'aucun polynôme à coefficients entiers.

Exercice 7
Racines carrées de -1 dans $\mathbb{Q}_p$

Soit p un nombre premier, on va définir la valuation p-adique d'un nombre rationnel. Si n est un entier naturel non nul, on note $v_p(n)$ l'exposant de p dans sa décomposition en facteurs premiers ; autrement dit $v_p(n) = \max\{k \in \mathbb{N} \mid p^k|n\}$. Si n est un entier relatif non nul, on pose $v_p(n) = v_p(|n|)$.

1. Soit r un nombre rationnel non nul et q_1, q_2 deux entiers relatifs tels que $r = q_1/q_2$. Montrer que $v_p(q_1) - v_p(q_2)$ ne dépend que de r. On notera cette quantité $v_p(r)$.

2. Soit r un nombre rationnel. Si $r = 0$ on pose $N_p(r) = 0$ et sinon $N_p(r) = p^{-v_p(r)}$. Montrer que N_p est une valeur absolue sur $\mathbb{Q}$, c'est-à-dire que, pour tout triplet de rationnels (r, r_1, r_2)
  1. $N_p(r) = 0 \Leftrightarrow r = 0$
  2. $N_p(r_1 r_2) = N_p(r_1) N_p(r_2)$
  3. $N_p(r_1 + r_2) \leq N_p(r_1) + N_p(r_2)$.

3. Montrer que la suite $(a_n)_{n \geq 1}$ définie par $a_n = 33\ldots3$ (n fois) en base 10 est une suite de Cauchy pour N_5, i.e.

$$\forall \epsilon \in \mathbb{R}_+^* \; \exists N \in \mathbb{N} \; \forall (n,m) \in \mathbb{N}^2 \quad (n \geq N \text{ et } m \geq N) \Rightarrow N_5(a_n - a_m) \leq \epsilon \, .$$

4. Cette suite converge-t-elle pour N_5 ? C'est-à-dire existe-t-il un rationnel r tel que

$$\forall \epsilon \in \mathbb{R}_+^* \quad \exists N \in \mathbb{N} \quad \forall n \in \mathbb{N} \quad n \geq N \Rightarrow N_5(a_n - r) \leq \epsilon \, .$$

5. À quelle condition sur p peut-on trouver une suite de rationnels $(a_n)_{n \geq 1}$ telle que a_n^2 tende vers -1 pour N_p ? C'est-à-dire

$$\forall \epsilon \in \mathbb{R}_+^* \quad \exists N \in \mathbb{N} \quad \forall n \in \mathbb{N} \quad n \geq N \Rightarrow N_p(a_n^2 + 1) \leq \epsilon \, .$$

6. $\mathbb{Q}$ est-il complet pour N_p ? C'est-à-dire « est-ce que toute suite de Cauchy pour N_p converge pour N_p vers un rationnel ? ».

Exercice 8
Zéros de certaines séries de Fourier

Soit n un entier naturel non nul et f une fonction continue et de classe C^1 par morceaux sur $\mathbb{R}$ et 2π-périodique. On suppose que le développement en série de Fourier de f est de la forme

$$f(x) = \sum_{k \geq n} (a_k \cos(kx) + b_k \sin(kx)) \ .$$

Montrer que f s'annule au moins $2n$ fois sur tout intervalle de longueur 2π.

Exercice 9
Sur l'inégalité arithmético-géométrique

Soit $(p_i)_{1 \leq i \leq n}$ des réels positifs de somme 1 et $(x_i)_{1 \leq i \leq n}$ des réels strictement positifs. On définit les moyennes arithmétique A et géométrique G pondérées par les formules $A = \sum_{i=1}^{n} p_i x_i$ et $G = \prod_{i=1}^{n} x_i^{p_i}$.

1. Calculer
$$I(x, a) = \int_0^{+\infty} \frac{u \, du}{(1+u)(x+au)^2}$$
pour x et a réels strictement positifs. En déduire que

$$\log\left(\frac{A}{G}\right) = \sum_{i=1}^{n} p_i (x_i - A)^2 I(x_i, A)$$

et donc que $A \geq G$; décrire les cas d'égalité.

2. On suppose que tous les x_i sont inférieurs à $1/2$ et on définit $y_i = 1 - x_i$ ainsi que A' et G' les moyennes arithmétique et géométrique (pondérées par les p_i) des y_i. Montrer que $A/G \geq A'/G'$ et décrire les cas d'égalité.

§3. Invariants et autres caractérisations

L'égalité entre deux quantités est rarement obtenue par des calculs (fussent-ils élégants). Et si elle l'est, elle le reste rarement tant le besoin est grand de réinterpréter le résultat afin d'en obtenir une réelle compréhension et/ou intuition. Pour cela on aime à caractériser les objets par des propriétés ou des invariants (comme la trace d'une matrice, l'angle d'une rotation plane etc.). L'unicité d'un tel objet permet alors de conclure aux identités souhaitées. Dans cette direction on trouve rapidement la notion de dimension. On présente ici une étude de la dimension « fractale » qui permet de donner un sens à la dimension d'un ensemble (compact) de $\mathbb{R}^n$ autre que celle de l'espace ambiant. Comme on le sait cette dimension n'a plus aucune raison d'être entière. On la nomme dimension de Hausdorff (du nom de Félix Hausdorff, début du XXe siècle). Dans une autre direction on a aussi la dimension des ensembles algébriques (ensembles définis par des équations polynomiales) ou semi-algébriques (ensembles définis par des inéquations polynomiales). On donne ici un premier résultat dans cette théorie.

Mais il existe bien d'autres invariants caractéristiques et on peut par exemple associer à un plan de $\mathbb{R}^4$ une matrice antisymétrique (ce sont les coordonnées introduites par Julius Plücker au XIXe siècle). On caractérisera aussi les carrés parmi les polygones ayant des sommets à coordonnées entières ou les figures formées de triangles qui sont pavables par des losanges. Pour cela John Conway a introduit, dans les années 80, une notion de hauteur liée à l'interprétation d'une figure plane comme la projection d'une autre figure dans l'espace.

Enfin on conclut ce paragraphe par le porisme de Steiner (énoncé par Jakob Steiner au XIXe siècle). Un porisme est un résultat qui est indépendant d'une des données du problème. On en trouvera deux dans ce recueil, celui de Steiner et celui de Poncelet. Ils se ressemblent beaucoup mais le second est bien plus difficile et fait l'objet à lui seul du problème d'écrit. Un porisme a l'intérêt de permettre d'effectuer un calcul en choisissant les données de façon judicieuse, afin de les simplifier, puisque le résultat en est indépendant.

Exercice 10
Dimension de Hausdorff d'un compact de $\mathbb{R}^n$

Soit K un compact de $\mathbb{R}^n$ (muni de la topologie induite par une norme quelconque). On note $\mathcal{U}(K)$ l'ensemble des recouvrements finis de K par des boules, c'est-à-dire l'ensemble des familles U de parties de $\mathbb{R}^n$ telles que $U = (B(x_i, r_i))_{i \in I}$ avec $K \subset \cup_{i \in I} B(x_i, r_i)$ où I est un ensemble fini et où $B(x, r)$ désigne la boule ouverte de centre x et de rayon r (un réel strictement positif). Pour un tel U, on note $r(U) = \max_{i \in I} r_i$ et, pour tout réel d, on note $f(d, U) = \sum_{i \in I} r_i^d$.

1. Étudier la fonction g_K : $d \mapsto \lim_{\epsilon \to 0} \inf\{f(d,U) \;/\; U \in \mathcal{U}(K) \text{ et } r(U) \leq \epsilon\}$. On s'intéressera notamment au sens de variation, aux zéros et aux valeurs infinies de g_K.

2. On garde n quelconque. Préciser g_K quand K est un carré, un segment, l'ensemble de Cantor (i.e. l'ensemble des points dont toutes les coordonnées sont nulles exceptée peut-être la première qui est de la forme $\sum_{j=1}^{\infty} a_j 3^{-j}$ avec $a_j \in \{0,2\}$).

Exercice 11
Ensembles semi-algébriques

Soit E la partie de $\mathbb{R}^3$ formée des points dont les coordonnées dans la base canonique sont toutes positives, i.e. $x > 0$, $y > 0$ et $z > 0$. Montrer qu'il est impossible de trouver deux polynômes P et Q dans $\mathbb{R}[X, Y, Z]$ de telle sorte que E soit exactement l'ensemble des points où P et Q sont simultanément positifs ; autrement dit de telle sorte que $E = \{(x,y,z) \in \mathbb{R}^3 \;/\; P(x,y,z) > 0 \text{ et } Q(x,y,z) > 0\}$.

Exercice 12
Coordonnées de Plücker des plans de $\mathbb{R}^4$

Soit E un plan de $\mathbb{R}^4$. À toute base $b = (u,v)$ de E, que l'on peut voir comme une matrice à 4 lignes et 2 colonnes, on associe la matrice carrée A(E;b) d'ordre 4 dont le coefficient d'indice (i,j) est le mineur correspondant dans la matrice (u,v) ; i.e. si $u = (u_i)_{1 \leq i \leq 4}$ et $v = (v_i)_{1 \leq i \leq 4}$, alors

$$a_{i,j} = \left| \begin{array}{cc} u_i & v_i \\ u_j & v_j \end{array} \right|.$$

1. Montrer que $A(E;b)$ n'est pas nulle.

2. Si b et b' sont deux bases de E, montrer que $A(E;b)$ et $A(E;b')$ diffèrent d'un scalaire que l'on explicitera.

3. Montrer que si $A(E;b) = A(F;b')$ alors $E = F$.

4. Montrer qu'une matrice est de la forme $A(E;b)$ si et seulement si elle est antisymétrique, de déterminant nul mais non nulle.

Exercice 13
Polygones à sommets entiers

On se place dans le plan euclidien habituel rapporté à un repère orthonormé et on dit qu'un point est entier si ses coordonnées sont toutes les deux entières. On se donne un polygone régulier (convexe) à n côtés (avec $n \geq 3$) et on note ses sommets $A_1, A_2, \ldots, A_n$. On suppose que trois au moins des sommets sont entiers et que deux parmi ces trois sommets sont consécutifs.

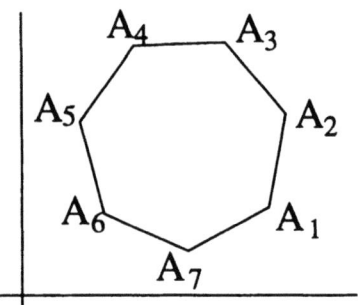

Montrer que $n = 4$, i.e. que le polygone est un carré.

Exercice 14
Pavages par des losanges

On se place dans le plan $\mathbb{R}^2$ euclidien et on considère le pavage naturel par des triangles équilatéraux, c'est-à-dire celui dont les sommets sont les points $M(a,b) = a(1,0) + b(1/2, \sqrt{3}/2)$ pour a et b entiers relatifs. On note T l'ensemble de ces points et on considère Π un contour fermé dessiné sur ce pavage ; autrement dit une ligne brisée fermée dont chaque arête est de longueur 1 et joint deux points de T. Il revient encore au même de se donner une suite de points $(M_i)_{0 \leq i \leq n}$ de T avec $d(M_i, M_{i+1}) = 1$ et $M_n = M_0$. (On la suppose simple, i.e. à part $M_n = M_0$ tous les points sont distincts deux à deux.)

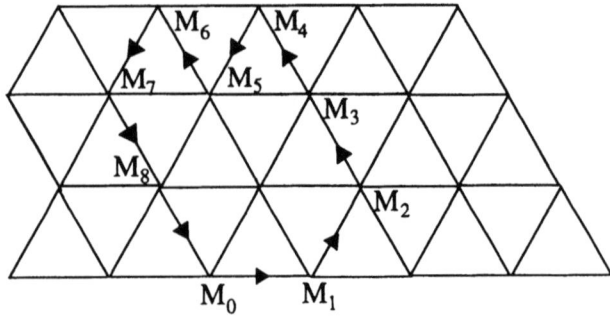

§3. Invariants et autres caractérisations

On se demande si ce contour est pavable par des losanges. Plus formellement on considère l'intérieur du contour (que nous définissons pour les besoins de l'exercice comme l'adhérence de la composante connexe bornée du plan privé du contour) et on veut savoir s'il est réunion de losanges chacun étant la réunion de deux triangles équilatéraux adjacents du pavage de départ, de telle sorte que les intérieurs de ces losanges soient disjoints.

1. Dessiner trois losanges élémentaires ayant un sommet commun et interpréter ce dessin comme la projection d'un cube. On note (e_1, e_2, e_3) la base canonique de $\mathbb{R}^3$; écrire la projection p de $\mathbb{R}^3$ dans $\mathbb{R}^2$ qui envoie $\mathbb{Z}^3$ dans T de telle sorte que l'image du trièdre canonique soit un losange élémentaire de sommet O.

2. On note f la forme linéaire qui vaut 1 sur chacun des e_i. Soit M et N deux points de T, γ une ligne brisée dessinée dans le « plan des triangles » qui joint M à N et A un point de $\mathbb{Z}^3$ tel que $p(A) = M$. On peut voir γ comme une suite de points $(N_i)_{0 \leq i \leq k}$ de T avec $N_0 = M$, $N_k = N$ et $d(N_i, N_{i+1}) = 1$. Montrer que l'on peut définir de façon unique des points $(A_i)_{1 \leq i \leq k}$ de $\mathbb{Z}^3$ tels que $A_0 = A$, $p(A_i) = N_i$ et $d(A_i, A_{i+1}) = 1$ et que la quantité $d_\gamma(M, N) = f(\mathbf{A_0 A_k})$ ne dépend pas du choix de A. Cette quantité dépend-elle de γ ? On dira que γ « monte toujours » si $f(\mathbf{A_i A_{i+1}}) = 1$ pour tout i.

3. On fixe une origine M_0 de Π ainsi qu'une image réciproque A_0 de M_0 par p. Par le procédé précédent, on relève Π en une ligne brisée Λ de $\mathbb{Z}^3$. Il faut noter qu'on considère en fait Π comme une ligne brisée avec une origine M_0 et un sens de parcours. Quant à la ligne brisée qui relève Π, disons $\Lambda = (A_i)_{0 \leq i \leq n}$, on n'a pas nécessairement $A_0 = A_n$ i.e. elle n'est pas nécessairement fermée ! On définit maintenant $\delta(M_i, M_j) = d_\Pi(M_0, M_j) - d_\Pi(M_0, M_i)$. Montrer que Π est pavable par des losanges si et seulement si Λ est fermée (i.e. $A_n = A_0$) et, pour tout couple (M_i, M_j) de points de Π et tout chemin γ, tracé à l'intérieur de Π, joignant M_i à M_j et qui « monte toujours » , on a $\delta(M_i, M_j) \leq d_\gamma(M_i, M_j)$.

Exercice 15
Porisme de Steiner

On se place dans le plan $\mathcal{P} = \mathbb{R}^2$ muni de sa structure euclidienne habituelle. On appelle cercle-droite une partie du plan qui est soit un cercle, soit une droite.

1. Donner la forme générale de l'équation d'un cercle-droite.

2. Soit C un cercle de centre A et de rayon k. On considère l'inversion par rapport à C, c'est-à-dire l'application ι_C de $\mathcal{P} \setminus \{A\}$ dans lui-même qui à un point M associe l'unique point M' tel que A, M et M' sont alignés et

$$\overline{AM}.\overline{AM'} = k^2 \ .$$

On convient de rajouter au plan un point ∞ qui appartient à toutes les droites et on pose $\iota_C(A) = \infty$ et $\iota_C(\infty) = A$. Montrer que ι_C conserve l'ensemble des cercles-droites.

3. Montrer qu'étant donné deux cercles non sécants C_1 et C_2, il existe toujours un cercle C tel que $\iota_C(C_1)$ et $\iota_C(C_2)$ soient des cercles concentriques.

4. Soit maintenant C et C' deux cercles tels que C' soit intérieur à C. On construit une chaîne de cercles de la façon suivante : C_1 est un cercle tangent intérieurement à C et extérieurement à C' ; C_2 est l'un des deux cercles tangents simultanément aux trois cercles C_1, C' et C (extérieurement aux deux premiers et intérieurement au dernier) ; C_{n+1}, pour $n \geq 1$, est l'unique cercle tangent aux trois cercles C_n, C et C' qui est distinct de C_{n-1}. On dit que la chaîne se referme (ou est périodique) s'il existe un entier k supérieur à 2 tel que $C_k = C_1$. Montrer que la chaîne se referme indépendamment du choix de C_1 (et de C_2) et que, dans ce cas, sa période est toujours la même.

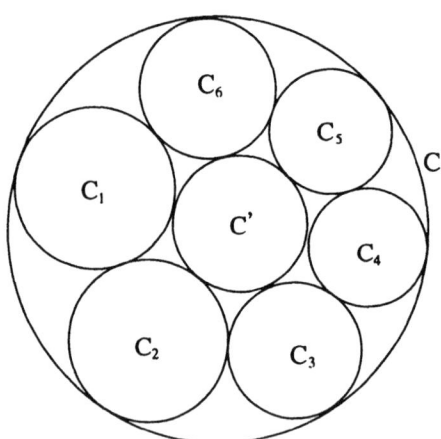

§4. Problèmes de densité

Un autre problème se pose quand on a construit un objet, c'est de savoir si on peut en comprendre certaines propriétés grâce à des renseignements sur des sous-ensembles mieux connus, par exemple par densité. Ce concept est, on le sait, fondamental pour la construction de la transformation de Fourier. On en donne ici quatre illustrations chacune dans une direction différente. Le premier problème caractérise les sphères ayant un ensemble dense de points à coordonnées rationnelles. Le deuxième porte aussi sur la densité des rationnels, mais cette fois-ci on se demande si on peut approcher un point de $\mathbb{Q}^n$ diagonalement par un rationnel à condition (évidemment) de définir une distance sur $\mathbb{Q}^n$ qui découple bien toutes les coordonnées. On utilisera pour cela une distance obtenue à partir des distances p-adiques.

Dans le troisième problème on étudie les polynômes à coefficients entiers au sein des fonctions continues (sur un intervalle compact). Le problème repose surtout sur la nature des coefficients plus que sur les polynômes puisqu'on admettra le théorème de Weierstraß-Stone donnant la densité des polynômes à coefficients réels. Enfin on terminera par la densité des nombres premiers dans une suite arithmétique. Ce problème a été résolu par Gustav Lejeune-Dirichlet (au XIXe siècle) dans toute sa généralité. On n'en donne ici qu'un cas particulier plus élémentaire (ce qui ne veut pas dire facile !).

Exercice 16
Densité des points rationnels d'une sphère

Soit n un entier naturel non nul, Q_n la sphère de $\mathbb{R}^3$ définie par $x^2+y^2+z^2 = n$ et R_n l'ensemble de ses points rationnels. Autrement dit $R_n = \{(x,y,z) \in \mathbb{Q}^3 \ / \ x^2 + y^2 + z^2 = n\}$. À quelle condition sur n, R_n est-il dense dans Q_n (pour la topologie usuelle de $\mathbb{R}^3$) ?

Exercice 17
Principe d'approximation forte

Soit p un nombre premier, on va définir la valuation p-adique d'un nombre rationnel. Si n est un entier naturel non nul, on note $v_p(n)$ l'exposant de p dans sa décomposition en facteurs premiers ; autrement dit $v_p(n) = \max\{k \in \mathbb{N} \mid p^k | n\}$. Si n est un entier relatif non nul, on pose $v_p(n) = v_p(|n|)$.

1. Soit r un nombre rationnel non nul et q_1, q_2 deux entiers relatifs tels que $r = q_1/q_2$. Montrer que $v_p(q_1) - v_p(q_2)$ ne dépend que de r. On notera cette quantité $v_p(r)$.

2. Pour r_1 et r_2 deux rationnels, on pose $d_p(r_1, r_2) = 0$ si $r_1 = r_2$ et $d_p(r_1, r_2) = p^{-v_p(r_1 - r_2)}$ sinon. Montrer que d_p est une distance, c'est-à-dire que pour tout triplet de rationnels (r_1, r_2, r_3)
1. $d_p(r_1, r_2) = 0 \Leftrightarrow r_1 = r_2$
2. $d_p(r_1, r_2) = d_p(r_2, r_1)$
3. $d_p(r_1, r_3) \leq d_p(r_1, r_2) + d_p(r_2, r_3)$.

3. Pour r rationnel, on pose $N_p(r) = d_p(r, 0)$. Montrer que pour tout triplet (r, r_1, r_2) de rationnels on a
$$d_p(rr_1, rr_2) = N_p(r) d_p(r_1, r_2) \, .$$

4. On se donne des nombres premiers distincts deux à deux $p_1, p_2, \ldots, p_n$. Soit $x = (x_0, x_1, \ldots, x_n)$ et $y = (y_0, y_1, \ldots, y_n)$ deux éléments de $\mathbb{Q}^{n+1}$, on pose
$$d(x, y) = |x_0 - y_0| + \sum_{i=1}^{n} d_{p_i}(x_i, y_i) \, .$$
Enfin on note Δ l'application diagonale de $\mathbb{Q}$ dans $\mathbb{Q}^{n+1}$, i.e.
$$\Delta(r) = (r, r, \ldots, r) \, .$$
Montrer que $\Delta(\mathbb{Q})$ est dense dans $\mathbb{Q}^{n+1}$ pour d, c'est-à-dire que
$$\forall x \in \mathbb{Q}^{n+1} \quad \forall \epsilon \in \mathbb{R}_+^* \quad \exists r \in \mathbb{Q} \quad d(\Delta(r), x) \leq \epsilon \, .$$

Exercice 18
Autour du théorème de Weierstraß-Stone

Soit I un intervalle compact de $\mathbb{R}$; on sait que l'ensemble des fonctions polynomiales sur I est dense dans $C^0(I, \mathbb{R})$, l'espace des fonctions continues sur I à valeurs réelles, pour la norme de la convergence uniforme. Qu'en est-il de l'ensemble des fonctions polynomiales sur I à **coefficients entiers** ?

Exercice 19
Autour du théorème de Dirichlet

Soit $P \in \mathbb{Z}[X]$ (c'est-à-dire un polynôme à coefficients entiers) ; on dit qu'un nombre premier p est un diviseur de P si
$$\exists n \in \mathbb{N} \quad P(n) \neq 0 \text{ et } P(n) \equiv 0 \, [p] \, .$$

§4. Problèmes de densité

1. Montrer que tout polynôme non constant admet une infinité de diviseurs.

2. Si n est un entier naturel non nul, on dit qu'un nombre complexe z est une racine primitive n^{eme} de l'unité si $n = \min\{k \in \mathbb{N}^* \mid z^k = 1\}$. On pose

$$\Phi_n(X) = \prod_{z \text{ racine primitive } n^{eme} \text{ de l'unité}} (X - z) \, .$$

Montrer que Φ_n est un polynôme à coefficients entiers (relatifs).

3. On se donne p un nombre premier, m un entier naturel non multiple de p et a un entier naturel tel que $\Phi_m(a) \equiv 0 \ [p]$; montrer que p ne divise pas a et que m est le plus petit entier naturel non nul tel que $a^m \equiv 1 \ [p]$.

4. Que dire des nombres premiers p appartenant à la progression arithmétique de raison m et de base 1 (i.e. $p \equiv 1 \ [m]$) ?

§5. Géométrie du « continu »

La géométrie pose encore bien d'autres questions dont certaines utilisent la nature « continue » des objets et des grandeurs. On rassemble ici quelques résultats de géométrie différentielle. Le premier pourrait n'être envisagé que comme un résultat d'analyse réelle classique, mais on peut aussi le voir comme un problème de contact entre courbes. Le deuxième est du ressort de la géométrie algébrique réelle. L'utilité des polynômes hyperboliques (i.e. ayant toutes leurs racines réelles) est grande comme on le voit à travers les exemples classiques : polynômes solutions d'une équation différentielle particulière et formant une base orthonormée comme les polynômes de Tchebychev, d'Hermite etc. ou les suites de Sturm qui interviennent dans le problème de la localisation des valeurs propres d'une matrice symétrique réelle (i.e. des racines de son polynôme caractéristique) due à Givens et Householder etc. On donne ici quelques propriétés de stabilité de ces polynômes.

Le troisième problème traite d'un fameux théorème de Bernstein, à savoir que les surfaces de $\mathbb{R}^3$ de la forme $z = g(x, y)$ de courbure moyenne nulle sont des plans. Ce résultat se ramène à trouver les fonctions f de $\mathbb{R}^2$ dans $\mathbb{R}$ de hessienne constante égale à 1. On termine par le théorème du point fixe de Brouwer qui, comme tous les théorèmes de point fixe, joue un rôle essentiel, notamment en géométrie différentielle.

Exercice 20
Racines carrées continûment différentiables

Soit f une fonction de classe C^2 sur $\mathbb{R}$ et à valeurs positives. À quelle(s) condition(s) $g = \sqrt{f}$ est-elle de classe C^1 sur $\mathbb{R}$?

Exercice 21
Polynômes hyperboliques

Soit P et Q deux polynômes à coefficients réels et hyperboliques, c'est-à-dire scindés. On écrit Q sous sa forme canonique $Q(X) = \sum_{i=0}^{n} a_i X^i$ avec $n \in \mathbb{N}$, $(a_i)_{0 \le i \le n} \in \mathbb{R}^{n+1}$ et $a_n \ne 0$.

1. Montrer que le polynôme R défini par $R(X) = \sum_{i=0}^{n} a_i P^{(i)}$ est hyperbolique ($P^{(i)}$ désigne la dérivée i^{eme} de P).

2. On suppose de plus que P n'a aucun zéro dans l'intervalle $[0\,;n]$. Montrer alors que le polynôme R défini par $R(X) = \sum_{i=0}^{n} a_i P(i) X^i$ est encore hyperbolique.

Exercice 22
Sur les surfaces minimales

Soit f une application indéfiniment dérivable sur $\mathbb{R}^2$ et à valeurs réelles. On note $\partial^k_{i_1...i_k} f$ sa dérivée partielle de degré k par rapport aux variables $x_{i_1}, \ldots, x_{i_k}$ (les i_j sont des entiers valant 1 ou 2 et on a noté (x_1, x_2) les vecteurs de $\mathbb{R}^2$). On pose $r = \partial^2_{11} f$, $s = \partial^2_{12} f = \partial^2_{21} f$, $t = \partial^2_{22} f$ et $h = rt - s^2$. On suppose que h est identiquement égal à 1 sur $\mathbb{R}^2$ et on désire montrer qu'alors f est un polynôme en deux variables de degré au plus 2. Soit H la hessienne de f, i.e. la matrice symétrique réelle

$$H = \begin{pmatrix} r & s \\ s & t \end{pmatrix}.$$

1. Se ramener au cas où H est définie positive.

2. Soit g le gradient de f, i.e. g est la fonction de $\mathbb{R}^2$ dans lui-même qui à x associe $g(x) = (\partial_1 f(x), \partial_2 f(x))$; montrer que

$$\forall (x, y) \in \mathbb{R}^2 \times \mathbb{R}^2 \quad (x - y) \cdot (g(x) - g(y)) \geq 0.$$

3. En déduire que $Id + g$ est un difféomorphisme de $\mathbb{R}^2$.

4. On pose $S = (Id - H)(Id + H)^{-1}$. Montrer que S est symétrique et est bornée (i.e. que ses coefficients, qui sont des fonctions de $\mathbb{R}^2$ dans $\mathbb{R}$, sont tous bornés).

5. Calculer la trace de S.

6. Montrer que la différentielle de $(Id - g) \circ (Id + g)^{-1}$ est égale à $S \circ (Id + g)^{-1}$.

7. On admettra que, si $\psi = (\psi_x, \psi_y)$ est une fonction de classe C^1 de $\mathbb{R}^2$ dans lui-même telle que $\partial_1 \psi_y = \partial_2 \psi_x$, alors il existe une fonction de classe C^2 de $\mathbb{R}^2$ dans lui-même dont ψ est le gradient. Montrer qu'il existe ϕ indéfiniment dérivable de $\mathbb{R}^2$ dans lui-même et de laplacien identiquement nul de telle sorte que $(Id - g) \circ (Id + g)^{-1}$ soit le gradient de ϕ.

8. On admettra le théorème de Liouville : une fonction de laplacien nul et bornée est forcément constante. En déduire que S est constante et conclure.

Exercice 23
Le théorème de Brouwer en dimension 2

Dans le plan euclidien, on se donne Δ un triangle équilatéral de sommets A_1, A_2 et A_3, c'est-à-dire l'enveloppe convexe de ces trois points, supposés affinement indépendants. Soit maintenant f une application de Δ dans lui-même supposée sans point fixe. Si P est un point de Δ on note $(x_1(P), x_2(P), x_3(P))$ ses coordonnées barycentriques normalisées par rapport aux points A_i; autrement dit $P = \sum_{i=1}^{3} x_i(P) A_i$ avec $\sum_{i=1}^{3} x_i(P) = 1$.

1. Soit $U_i = \{P \in \Delta\ /\ x_i(P) > x_i(f(P))\}$. Montrer que $\Delta = \cup_{i=1}^{3} U_i$.

2. Soit n un entier naturel supérieur à 2. On découpe Δ en n^2 petits triangles équilatéraux égaux $(\Delta_i^n)_{1 \leq i \leq n^2}$:

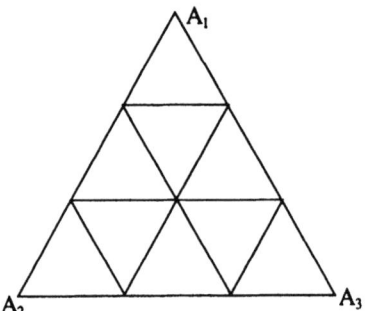

et on colorie chacun des sommets de ces triangles de la façon suivante: A_1 est noir, A_2 est rouge, A_3 est blanc et si A appartient à U_i pour un certain i, on colorie A comme A_i (si A appartient à plusieurs U_i on choisit la couleur au hasard parmi celles de ces A_i). Montrer que si A appartient au segment $[A_i A_j]$ il est de la même couleur que A_i ou que A_j.

3. On note C l'ensemble des côtés des triangles $(\Delta_i^n)_{1 \leq i \leq n^2}$. Montrer que C contient un nombre impair de côtés inclus dans un des côtés de (A_1, A_2, A_3) dont les sommets soient l'un de couleur noire et l'autre de couleur rouge.

4. En déduire qu'il existe au moins un triangle Δ_i^n dont les trois sommets sont de couleurs différentes.

5. En déduire que toute fonction continue de Δ dans lui-même admet un point fixe, puis que le résultat reste valable si l'on remplace Δ par un disque.

§6. Algèbre linéaire, quadratique ou multilinéaire

On termine ce panorama par des problèmes d'algèbre linéaire et multilinéaire. Le premier problème permet de calculer le déterminant de matrices hermitiennes par la méthode de Householder, méthode extrêmement rapide. Dans le même genre de problématique, on étudie les classiques déterminants de Vandermonde mais en s'autorisant des sauts dans les exposants. L'analyse se fait en étudiant le nombre de racines d'un polynôme non pas en fonction de son degré mais de son nombre de monômes non nuls. Cette subtilité ne permet pas de calculer explicitement le déterminant mais juste de donner son signe.

Mais le calcul de déterminants n'a pas qu'un intérêt pratique, on s'en sert aussi dans un cadre théorique. On donne ici une caractérisation des fractions rationnelles au sein des séries formelles par la nullité de certains déterminants formés avec leurs coefficients. Cette caractérisation a été exploitée par Bernard Dwork pour démontrer la rationnalité de la fonction ζ. Toujours dans le domaine linéaire on donne le classique théorème de Banach-Steinhaus mais avec une démonstration directe peu connue, tirée de Félix Hausdorff et n'utilisant pas le lemme de Baire. On termine par des applications en dehors du cadre strict de l'algèbre linéaire. La première est la détermination des caractères de l'algèbre des fonctions continues sur un compact (à valeurs réelles) : il s'agit d'applications linéaires multiplicatives. La seconde est la mise en évidence de la notion de faisceau linéaire de coniques et de droites (i.e. les coniques passant par quatre points donnés ou les droites passant par un point donné) afin de démontrer un théorème de géométrie : le théorème de Pascal.

Exercice 24
Matrices de Householder

Soit M une matrice hermitienne d'ordre n ($n \geq 2$), c'est-à-dire une matrice à coefficients complexes telle que ${}^t\overline{M} = M$. On note d'une façon générale X^* la matrice ${}^t\overline{X}$.

1. On décompose M en blocs

$$M = \begin{pmatrix} d & V^* \\ V & N \end{pmatrix}$$

avec $d \in \mathbb{R}$, $V \in M_{n-1,1}(\mathbb{C})$ et N hermitienne d'ordre $n-1$. Montrer que M est définie positive si et seulement si $d > 0$ et $dN - VV^*$ est définie positive.
Rappel : on dit qu'une matrice hermitienne M est définie positive si, pour tout vecteur x non nul de $\mathbb{C}^n$ (vu comme vecteur colonne), on a

$$X^*MX > 0\,.$$

2. On définit une suite de matrices $(M_k)_{1 \leq k \leq n}$ par récurrence en posant $M_1 = M$ et, si M_k se décompose en blocs comme précédemment avec $d_k \in \mathbb{R}$, $V_k \in M_{n-k,1}(\mathbb{C})$ et N_k hermitienne d'ordre $n-k$, alors $M_{k+1} = d_k N_k - V_k V_k^*$. Montrer que M est définie positive si et seulement si tous les d_k sont strictement positifs (pour $1 \leq k \leq n$).

3. Pour n supérieur à 3, montrer que, si tous les d_k sont non nuls (pour $1 \leq k \leq n$), alors
$$\det(M) = \frac{d_n}{d_1^{n-2} d_2^{n-3} \ldots d_{n-2}}.$$

Exercice 25
Déterminants de Vandermonde lacunaires

1. Soit $P \in \mathbb{R}[X]$ un polynôme de degré arbitraire mais ayant exactement k monômes non nuls. Montrer le lemme de Descartes : P admet au plus $k-1$ racines strictement positives. Qu'en est-il des racines strictement négatives ? Et sur $\mathbb{R}$ en entier ?

2. Soit maintenant k nombres réels strictement positifs vérifiant $x_1 < x_2 < \ldots < x_k$ et k nombres entiers naturels tels que $n_1 < n_2 < \ldots < n_k$. Montrer que le déterminant
$$\begin{vmatrix} x_1^{n_1} & \cdots & x_k^{n_1} \\ \vdots & \ddots & \vdots \\ x_1^{n_k} & \cdots & x_k^{n_k} \end{vmatrix}$$
est strictement positif.

Exercice 26
Caractérisation des fractions rationnelles

Soit f une série formelle à coefficients réels, c'est-à-dire une expression en l'indéterminée X de la forme $f(X) = \sum_{i=0}^{\infty} a_i X^i$ avec les a_i réels. On pose
$$A_{s,k} = \begin{vmatrix} a_s & \cdots & a_{s+k} \\ \vdots & \ddots & \vdots \\ a_{s+k} & \cdots & a_{s+2k} \end{vmatrix}.$$

1. Montrer que si f est une fraction rationnelle alors il existe deux entiers s_0 et k tels que, pour s supérieur à s_0, on ait $A_{s,k} = 0$.
Rappel : f est une fraction rationnelle s'il existe P et Q deux polynômes à coefficients réels tels que $f(X) = P(X)/Q(X)$.

2. Soit E et F deux espaces vectoriels réels et $(v_i)_{1 \leq i \leq n}$ une famille de vecteurs liée dans E. On se donne deux applications linéaires ϕ et ψ dans $\mathcal{L}(E, F)$ vérifiant $\phi(v_i) = \psi(v_{i-1})$ pour i entre 2 et n. Montrer que si la famille $(\phi(v_i))_{1 \leq i \leq n-1}$ est liée alors il en est de même pour la famille $(\phi(v_i))_{2 \leq i \leq n}$

3. En déduire que s'il existe deux entiers s_0 et k tels que, pour tout s supérieur à s_0, on ait $A_{s,k} = 0$, alors f est une fraction rationnelle.

Exercice 27
Le théorème de Banach-Steinhaus

Soit E et F deux espaces vectoriels normés complets et L une partie de l'ensemble $\mathcal{L}_c(E, F)$ des applications linéaires continues de E dans F. On suppose que, pour tout vecteur x de E, l'ensemble des vecteurs de la forme $T(x)$, pour T dans L, est borné, i.e.

$$\forall x \in E \quad \sup_{T \in L} \|T(x)\| < +\infty \, .$$

Montrer qu'alors la famille L est bornée (pour la norme usuelle de $\mathcal{L}_c(E, F)$) i.e.
$$\sup_{T \in L} \|\|T\|\| < +\infty$$

ou encore
$$\sup_{T \in L} \left(\sup_{x \in E, x \neq 0} \frac{\|T(x)\|}{\|x\|} \right) < +\infty \, .$$

On pourra raisonner par l'absurde et construire par récurrence une suite (x_n, T_n) de telle sorte que $\sum x_n$ converge normalement vers un certain x tel que $\|T_n(x)\| \geq n$.

Exercice 28
Caractères de $\mathcal{C}(\mathcal{K}, \mathbb{R})$

Soit K un compact de $\mathbb{R}^n$ (muni de sa topologie usuelle). On note E l'algèbre des fonctions continues sur K à valeurs réelles. Déterminer toutes les applications linéaires χ de E dans $\mathbb{R}$ telles que

$$\forall (f, g) \in E^2 \quad \chi(fg) = \chi(f)\chi(g) \, .$$

Exercice 29
Théorème de Pascal généralisé

1. On se donne deux coniques non dégénérées se coupant en quatre points. Donner une caractérisation des coniques passant par ces quatre points du plan.

2. On se donne maintenant deux points distincts P et Q et trois coniques non dégénérées C_1, C_2 et C_3 passant par ces deux points. Soit $\{i,j,k\} = \{1,2,3\}$; la conique C_i rencontre la conique C_j en quatre points P, Q, P_k et Q_k et on note D_k la droite $(P_k Q_k)$, supposée exister.

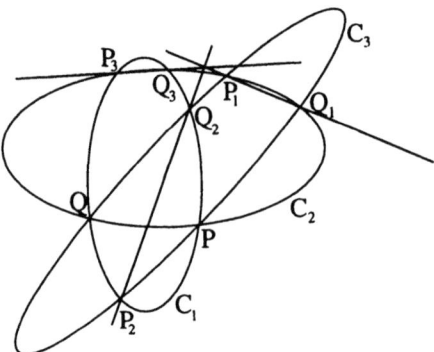

Montrer que les trois droites D_k ($1 \leq k \leq 3$) sont concourantes.

Chapitre 2
Énoncés du problème et des compléments

Sujet de l'épreuve commune aux concours des Écoles Normales Supérieures de la rue d'Ulm et de Cachan
Année 1995

Notations et rappels

Dans tout le problème $\mathbb{R}$ désigne le corps des nombres réels.
Une fonction est dite de classe C^2 si elle est deux fois différentiable en tout point de son domaine de définition et si sa dérivée seconde y est continue. Si $u \mapsto y(u)$ est une telle fonction on notera indifféremment $\dot{y}$, y' ou $\frac{dy}{du}$ la dérivée première de y et de même pour les dérivées d'ordre supérieur : $\ddot{y}$, y'', $\frac{d^2y}{dy^2}$ etc.
Si A et B sont deux points distincts du plan, on note (AB) l'unique droite passant par A et B.
Le but du problème est de donner une condition pour que, étant donné deux coniques, on puisse construire un polygone inscrit dans la première et circonscrit à la seconde. La première partie est technique et sert de fondement aux deux suivantes. La deuxième et la troisième partie traitent respectivement le cas particulier de deux cercles et le cas général.

***

Partie I

Soit k un réel vérifiant $0 < k < 1$. On considère l'équation différentielle

$$(E) \qquad \dot{y}^2 = (1-y^2)(1-k^2y^2) \, .$$

I.1 Montrer qu'il existe un intervalle ouvert I centré en 0 tel que l'équation différentielle (E) admette une unique solution de classe C^2 vérifiant $\dot{y}(0) = 1$, $y(0) = 0$ et tel que $\dot{y}$ ne s'annule pas sur I.
On notera $y(u) = sn(u;k)$ cette solution, ou encore $sn(u)$ quand aucune confusion n'est possible sur le paramètre k. Ce dernier sera appelé module de la fonction sn. On pose

$$dn(u;k) = dn(u) = \sqrt{1-k^2sn^2(u;k)} \quad \text{et} \quad cn(u;k) = cn(u) = \frac{sn(u;k)}{dn(u;k)} \, .$$

I.2 Vérifier que sn est une fonction impaire et que cn et dn sont des fonctions paires. Vérifier également les propriétés suivantes, pour tout u dans I :
  1. $sn^2(u) + cn^2(u) = 1$

2. $\dot{cn}(u) = -sn(u)dn(u)$
3. $\dot{dn}(u) = -k^2 sn(u)cn(u)$.

I.3 Soit w un réel fixé. On note s_1 et s_2 respectivement les fonctions $u \mapsto sn(u)$ et $u \mapsto sn(w - u)$.

I.3.a Calculer $\dot{s_2}^2$, $\ddot{s_1}$, $\ddot{s_2}$ et montrer que, quand toutes les quantités sont définies,
$$\frac{\ddot{s_1} s_2 - \ddot{s_2} s_1}{\dot{s_1}^2 s_2^2 - \dot{s_2}^2 s_1^2} = -2k^2 \frac{s_1 s_2}{1 - k^2 s_1^2 s_2^2}.$$

I.3.b En déduire que $\dfrac{\dot{s_1} s_2 - \dot{s_2} s_1}{1 - k^2 s_1^2 s_2^2}$ ne dépend que de w.

I.3.c Montrer que, quand u, v et $u + v$ appartiennent à I,
$$sn(u + v) = \frac{sn(u)cn(v)dn(v) + sn(v)cn(u)dn(u)}{1 - k^2 sn^2(u) sn^2(v)}.$$

On admettra que cette formule permet d'étendre les fonctions sn, cn et dn en des fonctions de classe C^2 sur $\mathbb{R}$ entier et que sn est solution de l'équation différentielle (E) sur $\mathbb{R}$.

I.4 Soit $\Phi(u, v) = \dfrac{c_1 c_2 - s_1 s_2 d_1 d_2}{1 - k^2 s_1^2 s_2^2}$ où s_i, c_i et d_i représentent respectivement les fonctions sn, cn et dn en les variables u (pour $i = 1$) et v (pour $i = 2$).

I.4.a Montrer que $\frac{\partial \Phi}{\partial u}$ est une fonction symétrique en les variables u et v.

I.4.b En déduire que Φ ne dépend que de $u + v$.

I.4.c Montrer que, pour tout u et v,
$$cn(u + v) = \frac{cn(u)cn(v) - sn(u)sn(v)dn(u)dn(v)}{1 - k^2 sn^2(u) sn^2(v)}.$$

I.4.d Que se passe-t-il quand k tend vers 0, en particulier pour les formules *I.3.c* et *I.4.c*?

I.5 Vérifier que $cn(u)cn(u+v) + dn(v)sn(u)sn(u+v) = cn(v)$ pour tout u et v.

I.6 On pose $K = \int_0^1 \frac{dt}{\sqrt{(1-t^2)(1-k^2t^2)}}$.

I.6.a Calculer $sn(K)$ et $cn(K)$.

I.6.b Montrer que $sn(u+K) = \dfrac{cn(u)dn(u)}{1 - k^2 sn^2(u)}$.

I.6.c Montrer que $\dot{sn}(u+K) = -\dfrac{(1-k^2)sn(u)}{1 - k^2 sn^2(u)}$.

I.6.d Montrer que sn est $4K$-périodique et dresser un tableau de variation de sn sur $[0, 4K]$.

I.6.e Montrer que, pour tout ϕ dans $\mathbb{R}$, il existe un unique u dans $[0, 4K[$, noté $u = am_k(\phi)$, tel que $(\sin \phi, \cos \phi) = (sn(u; k), cn(u; k))$.

I.6.f Montrer que, pour tout α et β dans $[0, 1[$,

$$(\exists u \in \mathbb{R} \text{ tel que } (\alpha, \beta) = (cn(u), dn(u))) \Leftrightarrow \left(k^2 = \frac{1-\beta^2}{1-\alpha^2}\right).$$

I.7 On se donne trois réels α, β et γ.

I.7.a A quelle condition l'équation, en u, $\alpha cn(u) + \beta sn(u) = \gamma$ a-t-elle au moins une solution? Dans ce cas quelles sont-elles?

I.7.b En déduire que, pour tout u, v, w dans $\mathbb{R}$,

$$(cn(u)cn(w) + dn(v)sn(u)sn(w) = cn(v)) \Leftrightarrow (w \equiv u \pm v \ [4K]).$$

***

Partie II

Soit a, r et R des réels positifs et C, C' deux cercles du plan réel euclidien dont une équation cartésienne est $x^2 + y^2 = R^2$ et $(x+a)^2 + y^2 = r^2$ respectivement. On suppose $0 \leq a < R - r$, i.e. que C' est « contenu » dans C. On note P_ϕ le point de C de coordonnées $(R\cos 2\phi, R\sin 2\phi)$. **Jusqu'à la question $II.2.b$, on suppose a non nul.**

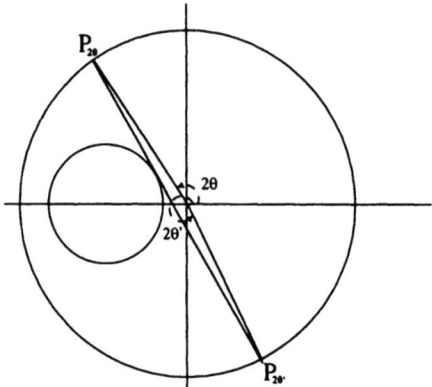

II.1 Soit $P = P_\phi$ et Q deux points de C distincts et tels que (PQ) est tangente à C'.

II.1.a Montrer que $Q = P_{\phi'}$ avec ϕ' tel que

$$\cos\phi\cos\phi' + \frac{R-a}{R+a}\sin\phi\sin\phi' = \frac{r}{R+a}.$$

II.1.b En déduire qu'il existe k et K, que l'on précisera, et u tels que

$$am_k(\phi') \equiv am_k(\phi) \pm u \ [4K].$$

II.2 Soit $P = P_{\phi_0}$ un point de C. On construit des points $(P_{\phi_i})_{1 \leq i \leq n}$ de sorte que $(P_{\phi_i} P_{\phi_{i+1}})$ soit tangente à C' pour tout $0 \leq i \leq n-1$ et $P_{\phi_{i+1}} \neq P_{\phi_i}, P_{\phi_{i-1}}$ pour tout $1 \leq i \leq n-1$.

II.2.a Montrer qu'il existe k, K et u tels que, pour tout $0 \leq i \leq n-1$

$$am_k(\phi_{i+1}) \equiv am_k(\phi_i) + u \ [4K].$$

II.2.b Que se passe-t-il si a est nul?

II.2.c Montrer que la condition $P_{\phi_n} = P_{\phi_0}$ est indépendante de ϕ_0.

II.2.d En déduire la condition sur R, r et a pour qu'il existe un triangle inscrit dans C et circonscrit à C'.

II.2.e Même question que précédemment pour un quadrangle.

Partie III

On considère, dans l'espace euclidien $E = \mathbb{R}^3$, un plan affine P défini par une équation $\phi(x) = 1$ où ϕ est une forme linéaire non nulle sur E et une conique de P définie par les équations

$$C \ : \ Q(x) = 0 \qquad \& \qquad \phi(x) = 1$$

où Q est une forme quadratique non dégénérée sur E.

III.1 Soit L une droite affine de P dont les points sont les $q + tu$ où t décrit $\mathbb{R}$, q est un point fixé de P (i.e. $\phi(q) = 1$) et u un vecteur non nul de l'espace vectoriel direction de P (i.e. $\phi(u) = 0$). On se donne un point p de E appartenant au cercle de centre q et de rayon $\|u\|$ dans le plan perpendiculaire à L passant par q et n'appartenant pas à P, i.e. $p - q \perp u$, $\|p - q\| = \|u\|$ et $\phi(p) \neq 1$.

III.1.a À quelle condition sur $y_0 \in E$, $\lambda \in \mathbb{R}$ et $\mu \in \mathbb{R}$ un point de la forme $y_0 + \lambda(p - q) + \mu u$ appartient-il au cône de sommet p et de base C ?

III.1.b À quelles conditions sur q et u existe-t-il un plan parallèle au plan contenant p et L tel que la section du cône de sommet p et de base C par ce plan soit un cercle ?

III.2 Soit C' une seconde conique dans le plan P, ne rencontrant pas la première, définie par les équations

$$C' \ : \ Q'(x) = 0 \qquad \& \qquad \phi(x) = 1$$

où Q' est une forme quadratique non dégénérée sur E. Soit S et S' les matrices symétriques 3 par 3 à coefficients réels associées dans la base canonique de E aux formes quadratiques Q et Q' respectivement. On admettra pour l'instant qu'il existe un vecteur complexe, non réel, $Z = X + iY$ (et donc $X, Y \in E$) tel que ${}^t ZSZ = {}^t ZS'Z = 0$ (les produits sont effectués en tant que matrices à coefficients complexes) et $\phi(X) = 1$ et $\phi(Y) = 0$. Cela veut dire que Z est un point d'intersection imaginaire des coniques C et C'.
Montrer qu'on peut trouver $p \notin P$, q, $u \neq 0$ et un plan Π parallèle au plan passant par p, q et $q + u$ tels que la projection de sommet p de P sur Π (i.e. l'image d'un point x de P est l'intersection de la droite (px) avec Π) envoie C et C' sur deux cercles.

III.3 Montrer que la conclusion de la question $II.2.c$ reste valide si on remplace C et C' par deux coniques (avec C' « incluse » dans C) et que l'on fait la construction de la partie II.

III.4 Montrer l'existence de Z, défini en $III.2$.

Compléments

Dans ces deux parties, on traite le cas général de deux coniques arbitraires de façon plus explicite que dans la partie III. La méthode est de construire une fonction aussi bien adaptée au problème que l'était la fonction sn pour le cas des cercles. Évidemment, vu la longueur de ces compléments, ces questions n'ont pas été posées lors de l'écrit de 1995, mais nous suggérons de les résoudre plutôt que de les lire sous forme de commentaires ...

On rappelle que si $x_1, \ldots, x_n$ sont n nombres complexes arbitraires, on a la formule suivante pour le déterminant (dit de Vandermonde) :

$$\begin{vmatrix} 1 & 1 & \ldots & 1 \\ x_1 & x_2 & \ldots & x_n \\ \vdots & \vdots & \ddots & \vdots \\ x_1^{n-1} & x_2^{n-1} & \ldots & x_n^{n-1} \end{vmatrix} = \Pi_{j>i}(x_j - x_i) .$$

***

Partie IV

IV.1 Soit $\mathfrak{p}$ la fonction définie par

$$\mathfrak{p}(u) = \alpha + \frac{\beta}{sn^2(\lambda u + \mu; k)}$$

avec α, β, λ, μ, k réels vérifiant $0 < k < 1$, $\beta \neq 0$, $\lambda \neq 0$.
Donner une équation différentielle satisfaite par $\mathfrak{p}$, dresser un tableau de variation pour $\mathfrak{p}$ et montrer qu'elle est périodique. On note τ sa période.

IV.2 Soit u, v, w trois réels.

IV.2.a Montrer que

$$\begin{vmatrix} sn^3(u) & sn(u) & \dot{sn}(u) \\ sn^3(v) & sn(v) & \dot{sn}(v) \\ sn^3(w) & sn(w) & \dot{sn}(w) \end{vmatrix} = sn^2(u)sn^2(v)\left[\frac{sn(u)}{sn(v+w)} - \frac{sn(v)}{sn(u+w)}\right]$$
$$+ sn^2(v)sn^2(w)\left[\frac{sn(v)}{sn(w+u)} - \frac{sn(w)}{sn(v+u)}\right]$$
$$+ sn^2(w)sn^2(u)\left[\frac{sn(w)}{sn(u+v)} - \frac{sn(u)}{sn(w+v)}\right] ,$$

quand toutes les quantités sont définies.

IV.2.b Donner une condition suffisante pour que

$$\begin{vmatrix} 1 & \mathfrak{p}(u) & \mathfrak{p}'(u) \\ 1 & \mathfrak{p}(v) & \mathfrak{p}'(v) \\ 1 & \mathfrak{p}(w) & \mathfrak{p}'(w) \end{vmatrix} = 0 \ .$$

IV.2.c Soit a, b, c trois réels non tous nuls. Montrer que l'équation, en u, $a + b\mathfrak{p}(u) + c\mathfrak{p}'(u) = 0$ a au plus trois solutions distinctes modulo τ.

IV.2.d En déduire une condition nécessaire et suffisante pour que

$$\begin{vmatrix} 1 & \mathfrak{p}(u) & \mathfrak{p}'(u) \\ 1 & \mathfrak{p}(v) & \mathfrak{p}'(v) \\ 1 & \mathfrak{p}(w) & \mathfrak{p}'(w) \end{vmatrix} = 0 \ .$$

***

Partie V

Soit a, b, c trois réels et z un nombre complexe imaginaire pur non nul. On considère, dans le plan réel euclidien, les coniques C_ω dont une équation cartésienne est

$$(C_\omega) \qquad \omega(x^2 + y^2 + z^2) + ax^2 + by^2 + cz^2 = 0 \ .$$

On désignera par (C_∞) le cercle

$$(C_\infty) \qquad x^2 + y^2 + z^2 = 0 \ .$$

V.1 Soit $L_{\alpha,\beta,\gamma}$ la droite dont une équation cartésienne est $\alpha x + \beta y + \gamma z = 0$ (en particulier α et β sont des réels non simultanément nuls et γ est un nombre complexe imaginaire pur – afin que γz soit réel).

V.1.a Montrer que $L_{\alpha,\beta,\gamma}$ est tangente à C_ω si et seulement si ω est racine du polynôme

$$(\alpha^2 + \beta^2 + \gamma^2)X^2 + \left(\alpha^2(b+c) + \beta^2(c+a) + \gamma^2(a+b)\right)X + \alpha^2 bc + \beta^2 ca + \gamma^2 ab \ .$$

V.1.b En déduire que, si $L_{\alpha,\beta,\gamma}$ est tangente à C_ω pour $\omega = p$ et $\omega = r$, alors $(\alpha^2, \beta^2, \gamma^2)$ est proportionnel à

$$((c-b)(a+p)(a+r), (a-c)(b+p)(b+r), (b-a)(c+p)(c+r)) \ .$$

V.2 Soit r un réel fixé ou alors l'infini. On écrira $L_r(p)$ la droite tangente à C_r qui est aussi tangente à C_p. Dans le cas $r = p$, distincts de l'infini, cela veut dire que l'équation (V.1.a) a une racine double égale à r. Pour $r = p = \infty$, cela veut dire que les coefficients de ω^2 et de ω sont nuls dans (V.1.a).

On écrira P_θ le point P de C_∞ tel que $L_\infty(\theta)$ passe par P. Soit (x,y) ses coordonnées.

V.2.a Montrer que (x^2, y^2, z^2) est proportionnel à
$$((c-b)(a+\theta), (a-c)(b+\theta), (b-a)(c+\theta)) .$$

V.2.b En déduire que si $P_\theta \in L_r(p)$ alors
$$\pm(c-b)\sqrt{D(a)} \pm (a-c)\sqrt{D(b)} \pm (b-a)\sqrt{D(c)} = 0 ,$$
en posant $D(x) = (x+r)(x+p)(x+\theta)$.

V.2.c En déduire
$$P_\theta \in L_r(p) \Rightarrow \begin{cases} \exists (\lambda, \mu) \in \mathbb{R}^2 \text{ tels que } (\lambda + \mu x)^2 = D(x) \\ \text{pour } x = a, b, c . \end{cases}$$

V.2.d Montrer que la condition précédente peut se récrire
$$\begin{cases} \lambda^2 &= abc + rp\theta \\ -2\lambda\mu &= ab + bc + ca + rp + p\theta + \theta r \\ \mu^2 &= a + b + c + r + p + \theta . \end{cases}$$

V.2.e On pose $\Delta(x) = (a+x)(b+x)(c+x)$. Montrer que
$$P_\theta \in L_r(p) \Rightarrow \begin{vmatrix} 1 & r & \pm\sqrt{\Delta(r)} \\ 1 & p & \pm\sqrt{\Delta(p)} \\ 1 & \theta & \pm\sqrt{\Delta(\theta)} \end{vmatrix} = 0 .$$

V.3 À quelles conditions existe-t-il $(\alpha, \beta, \lambda, \mu, k)$ tels que la fonction définie en *IV*.1 vérifie $\mathfrak{p}(0) = 0$ et $\mathfrak{p}'^2 = (a+\mathfrak{p})(b+\mathfrak{p})(c+\mathfrak{p})$?

V.4 On se place dans le cas où cette condition est vérifiée. On note, quand cela a un sens,
$$\Pi(x) = \int_{+\infty}^{x} \frac{dt}{\sqrt{(a+t)(b+t)(c+t)}}$$
et τ la période de $\mathfrak{p}$. On supposera désormais que partout où intervient la fonction Π elle est définie (autrement dit, on ne l'évalue qu'en des points supérieurs à $-\min(a,b,c)$).
Montrer que $P_\theta \in L_r(p) \Rightarrow \pm\Pi(\theta) \pm \Pi(p) \pm \Pi(r) \equiv 0 \ [\tau]$.

V.4.a Que vaut θ quand r tend vers $+\infty$?

V.4.b En déduire

$$P_\theta \in L_r(p) \Rightarrow \Pi(\theta) \equiv \Pi(p) \pm \Pi(r) \ [\tau] \ .$$

V.5 Soit $P = P_{\theta_0}$ un point de C_∞ ; on construit $(P_{\theta_i})_{1 \leq i \leq n}$ tels que $(P_{\theta_i} P_{\theta_{i+1}})$ est tangente à C_r pour tout $0 \leq i \leq n-1$ et $P_{\theta_{i+1}}$ distinct de P_{θ_i} et $P_{\theta_{i-1}}$ pour tout $1 \leq i \leq n-1$.

V.5.a Montrer que la condition $P_{\theta_n} = P_{\theta_0}$ est indépendante de P .

V.5.b Que se passe-t-il si, au lieu de prendre deux coniques de la forme C_∞ et C_r, on prend deux coniques C et C' quelconques et que l'on fait la construction précédente?

Chapitre 3
Solutions des 29 petits problèmes

Nous suggérons, afin de rendre l'exercice plus enrichissant, de ne se reporter aux solutions qu'après avoir erré quelque temps et avoir pris connaissance des indications en fin de volume.

On trouvera également, après chaque solution, des commentaires sur l'exercice, le situant dans un cadre plus général, procurant des ouvertures à propos des thèmes rencontrés et renvoyant parfois à de la bibliographie. Celle-ci n'est que rarement composée de livres de cours ou d'exercices ; nous renvoyons le plus souvent à des exposés d'un niveau supérieur au premier cycle. Ces références peuvent bien entendu être mises à profit par les étudiants préparant le CAPES ou l'agrégation, mais elles peuvent aussi servir de guides pour un premier contact avec les mathématiques « actuelles ». Nous conseillons d'aller les découvrir dans une bibliothèque plutôt que de les acheter de but en blanc. Outre que la bibliothèque constitue un lieu de prédilection, à terme, pour tout mathématicien, cela permet de se rendre compte de visu du niveau du livre et d'opter pour celui qui est le plus adapté.

À noter enfin que certains livres sont en anglais : il faut rapidement prendre conscience que le milieu de la recherche et même de l'enseignement est de plus en plus conquis par cette langue. Cela n'empêche évidemment pas de trouver d'excellents livres en langue française, allemande, russe, espagnole etc. mais cela veut dire qu'il est nécessaire de lire l'anglais scientifique si l'on veut poursuivre des études en mathématique. Et mieux vaut commencer le plus tôt possible !

Exercice 1
Une équation diophantienne cubique

1. On vérifie aisément que $A = \mathbb{Z}[i\sqrt{2}]$ est un sous-anneau de $\mathbb{C}$. En particulier, il est intègre. Soit maintenant $(x,y) \in A^2$ avec y non nul. On veut trouver $(q,r) \in A^2$ tel que $x = qy + r$ et $|r| < |y|$. On peut récrire l'équation sous la forme
$$\frac{x}{y} = q + \frac{r}{y} \quad \text{et} \quad \left|\frac{r}{y}\right| < 1 .$$

Considérons alors le complexe $z = x/y = z_1 + iz_2\sqrt{2}$, avec z_1 et z_2 réels; il est situé dans un rectangle d'éléments de A, à savoir, en notant n_1 la partie entière de z_1 et n_2 celle de z_2, celui formé par les points $n_1 + in_2\sqrt{2}$, $n_1 + i(n_2+1)\sqrt{2}$, $n_1 + 1 + in_2\sqrt{2}$ et $n_1 + 1 + i(n_2+1)\sqrt{2}$. Un de ces quatre points au moins est à une distance de z inférieure à $\sqrt{3}/2$ puisque c'est la moitié de la longueur d'une diagonale du rectangle.

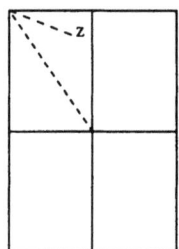

Autrement dit on peut trouver q_1 et q_2 entiers tels que $|z_1 - q_1| \leq 1/2$ et $|z_2 - q_2| \leq 1/2$ et alors $|z - (q_1 + iq_2\sqrt{2})|^2 \leq 3/4$. On pose alors $q = q_1 + iq_2\sqrt{2}$ et $r = x - qy$, qui est bien un élément de A puisque c'est un anneau, et on a $r/y = x/y - q$ qui est bien un complexe de module strictement inférieur à 1.

2. On introduit la « norme » $N(z) = |z|^2$. Autrement dit, si $z = a + ib\sqrt{2}$, on a $N(z) = a^2 + 2b^2$. Maintenant, si $z = xy$ alors $N(z) = N(x)N(y)$. En conséquence si z est inversible dans A (i.e. z et z^{-1} sont dans A), on a $N(z) = 1$ et donc $z = \pm 1$.

Nous démontrons l'existence de la décomposition par récurrence sur $N(x)$. Si $N(x) = 1$, on obtient x inversible et on a bien une décomposition sous la forme $x = x$. On montre ensuite que l'hypothèse aux rangs inférieurs à n entraîne celle au rang n: si $N(x) = n$, soit x est indécomposable et on a directement une décomposition sous la forme $x = x$, soit x n'est pas indécomposable, auquel cas il s'écrit $x = dy$ avec d et y non inversibles. Mais alors $N(d) > 1$ et $N(y) > 1$ et comme $N(d)N(y) = N(x)$, on en déduit $N(d) < N(x)$ et $N(y) < N(x)$. On peut donc appliquer l'hypothèse de récurrence à la fois à d et y et en multipliant les décompositions respectives de d et y, on en obtient une pour x.

Passons à l'unicité.

On commence par montrer que si x et y n'ont pas de diviseurs en commun autres que les inversibles, alors il existe u et v dans A tels que $ux + vy = 1$. Montrons-le une fois encore par récurrence sur $N(x)$. Si $N(x) = 0$, c'est que $x = 0$ et donc que y est inversible. On prend donc u quelconque et $v = y^{-1}$. Si maintenant $N(x) = n$, on écrit $y = qx + r$ avec $N(r) < N(x)$. Si d divise r et x, il divise aussi $qx + r$, c'est-à-dire y et alors il divise à la fois x et y, c'est donc un inversible. Par hypothèse de récurrence il existe donc u et v dans A tels que $ur + vx = 1$. Mais alors $uy + (v - uq)x = 1$ et u et $v - qu$ sont dans A. On a même équivalence car si $ux + vy = 1$ avec u, v, x et y dans A et si d divise à la fois x et y, il divise aussi $ux + vy$ et donc 1. Donc $N(d) \leq 1$ et d est un inversible.

On déduit de cette relation de Bézout le lemme de Gauß : si p est indécomposable et si p divise un produit xy d'éléments de A alors p divise soit x, soit y. En effet on montre l'implication contraposée : si p ne divise ni x, ni y, il n'a pas de diviseur non inversible en commun ni avec x, ni avec y, par définition des nombres indécomposables. On a donc deux relations de Bézout :

$$ux + vp = 1 \quad \text{et} \quad u'y + v'p = 1$$

avec u, v, u' et v' dans A. Mais alors $uu'xy + p(u'vy + uv'x + vv'p) = 1$ et donc xy et p n'ont pas de diviseur non inversible en commun.

Pour finir on déduit du lemme de Gauß l'unicité de la décomposition. Par récurrence sur n, une expression du type $x = \pm \prod_{i=1}^{n} p_i$ n'est égale à une autre expression $y = \pm \prod_{i=1}^{m} p'_i$ que si $n = m$ et il existe une permutation σ des n premiers entiers telle que $p'_{\sigma(i)} = \pm p_i$. Si $n = 0$, alors x est inversible et donc $N(x) = 1$. Mais alors $N(y) = \prod_{i=1}^{m} N(p'_i) = 1$ et donc $m = 0$. Si maintenant la propriété est vraie pour les rangs inférieurs à n, comme p_n divise x, il divise y et donc, d'après le lemme de Gauß, il divise l'un des p'_i. Ce dernier étant indécomposable, on a $p'_i = \pm p_n$ et donc $\prod_{i=1}^{n-1} p_i = \pm \prod_{i=1, i \neq k}^{m} p'_i$. Par hypothèse de récurrence on en déduit $m = n$ et le fait que les $(p_i)_{i \leq n-1}$ et les $(p'_i)_{i \neq k}$ sont égaux à une permutation près des indices et à multiplication près par ± 1. Ceci achève de démontrer la propriété par récurrence. En regroupant les p_i qui sont égaux (à multiplication par une unité près), on obtient la forme habituelle (et demandée par l'énoncé) de la décomposition en nombres indécomposables.

3. Supposons maintenant que x et y sont des entiers relatifs et qu'on a $y^2 + 2 = x^3$. On peut écrire cette équation, dans A, sous la forme $x^3 = (y+z)(y-z)$ avec $z = i\sqrt{2}$. Remarquons d'abord que z est indécomposable ; en effet $N(z) = 2$ et donc z ne peut être divisé que par des d' de A tels que $N(d') = 1$ ou $N(d') = 2$, c'est-à-dire $d' = \pm 1$ ou $d' = \pm z$. Montrons ensuite que $y + z$ et $y - z$ n'ont pas de diviseurs en commun (hormis ± 1). En effet si d divise ces deux quantités, il divise leur différence, à savoir $-2z = z^3$. Si d n'est pas inversible, z devrait donc diviser d. Mais alors z divise y puisqu'il divise $y + z$ (et $y - z$), donc z^2 divise y^2.

Autrement dit y^2 est produit de 2 et d'un élément y' de A ; cet y' est nécessairement réel puisque y et 2 le sont, et donc y' est un entier. Autrement dit y^2 est pair et donc y aussi. Mais alors $y^2 + 2$ est également pair, sans être toutefois divisible par 4. De la parité, on déduit que x^3 aussi est pair et donc x de même. Mais alors 4 diviserait x^3. Et ceci donne une contradiction.

Comme x^3 est un cube, sa décomposition en facteurs indécomposables est formée de puissances multiples de 3 d'indécomposables. Si p^{3k} divise x^3, p divise soit $y + z$, soit $y - z$. Et comme il est premier à l'un des deux, on a même p^{3k} divise $y + z$ ou $y - z$. Comme tous les diviseurs indécomposables de $y + z$ ou de $y - z$ sont aussi des diviseurs de x^3, on en conclut que $y + z$ et $y - z$ sont des cubes.

Écrivons $(a + ib\sqrt{2})^3 = (a^3 - 6ab^2) + i\sqrt{2}(3a^2b - 2b^3)$. Donc si $y + z = (a + ib\sqrt{2})^3$ avec a et b entiers relatifs, alors $b(3a^2 - 2b^2) = 1$. Il en résulte $b = 3a^2 - 2b^2 = \pm 1$ et donc $b = 3a^2 - 2 = \pm 1$. On ne peut avoir $3a^2 - 2 = -1$, donc $b = 3a^2 - 2 = 1$ ou encore $b = 1$ et $a = \pm 1$. Il en résulte $y = a^3 - 6ab^2 = a(a^2 - 6b^2) = a(1 - 6) = \pm 5$ et donc $x^3 = 27$, soit $x = 3$.

On vérifie que $(x, y) = (3, \pm 5)$ sont bien solutions et donc ce sont les uniques solutions entières de cette équation.

Commentaires. C'est un cas assez rare de résolution « à la main » d'équation diophantienne non linéaire. Dans le même ordre de difficulté on peut trouver les solutions entières de l'équation $x^2 + y^2 = z^2$, et ensuite montrer que l'équation $x^4 + y^4 = z^4$ n'a pas d'autres solutions que celles pour lesquelles x ou y est nul. Plus dur, mais avec les mêmes techniques (dans $\mathbb{Z}[e^{2i\pi/3}]$) on peut prouver que l'équation $x^3 + y^3 = z^3$ n'a pas d'autres solutions que celles où $xyz = 0$. Voir également l'exercice sur la caractérisation des carrés qui utilise l'anneau des entiers de Gauß, $\mathbb{Z}[i]$.

Récemment Andrew Wiles a démontré que les seules solutions de l'équation $x^n + y^n = z^n$ avec n supérieur à 3 et x, y et z entiers sont celles pour lesquelles $xyz = 0$. Ce théorème, connu sous le nom de grand théorème de Fermat (bien qu'il ait été, plus de trois siècles après la mort de Fermat, encore une conjecture) peut se démontrer assez facilement quand $\mathbb{Z}[e^{2i\pi/n}]$ est muni d'une division euclidienne (comme c'est le cas ici). (On pourra consulter la démonstration dans le cas $n = 3$ donnée dans les commentaires de l'exercice 4.) On est d'ailleurs à peu près sûr que c'est là la façon dont Fermat avait démontré son théorème (malheureusement il n'y a que très peu de n pour lesquels cela est vrai).

À l'heure actuelle des conjectures plus fortes, entraînant le grand théorème de Fermat, ont été formulées. Un exemple de telle conjecture est celle de Taniyama et Weil, dont un cas particulier a été démontré par Wiles. Néanmoins ce cas particulier est suffisant pour en déduire le théorème de Fermat. Il y a également une autre conjecture, dite « a, b, c », dont on donne une démonstration dans le cas où x, y et z sont remplacés par des polynômes sur $\mathbb{C}$ dans l'exercice 4.

On pourra consulter Borevič et Safarevič, *Théorie des nombres*, paru chez Gauthier-Villars, Serge Lang, *Diophantine geometry*, paru chez John Wiley and sons ou encore Mordell, *Diophantine equations*, paru chez Academic press.

Exercice 2
Résolution des équations de degré 4

1. On peut interpréter la conique C comme l'intersection du cône Γ de $\mathbb{R}^3$ défini par
$$a_{11}x^2 + a_{22}y^2 + a_{33}z^2 + 2a_{12}xy + 2a_{13}xz + 2a_{23}yz = 0$$
et du plan affine Π défini par
$$z = 1 .$$
Dans cette interprétation le plan $\mathbb{R}^2$ initial est identifié à Π.

On peut voir Γ comme le cône isotrope de la forme quadratique Q associée à la forme bilinéaire symétrique donnée par la matrice $A = (a_{ij})_{1 \leq i,j \leq 3}$. Autrement dit on se donne la forme bilinéaire symétrique sur $\mathbb{R}^3$
$$(X, Y) \mapsto \phi_A(X, Y) = {}^t X A Y$$
ou sa forme quadratique associée
$$Q(X) = \phi_A(X, X) = {}^t X A X$$
et Γ est formé des éléments isotropes pour Q, i.e. des vecteurs de $\mathbb{R}^3$ tels que $Q(X) = 0$. C'est un cône au sens que si X appartient à Γ, il en est de même pour tous les vecteurs qui lui sont colinéaires.

Maintenant si C contient une droite Δ, c'est une droite du plan Π et l'ensemble des vecteurs de $\mathbb{R}^3$ colinéaires à un vecteur de Δ est le plan vectoriel P contenant Δ.

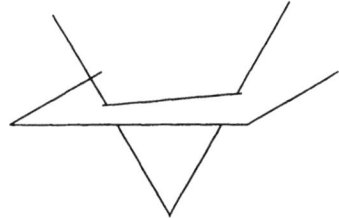

En particulier pour tout couple (X, Y) de vecteurs du plan P on a
$$\phi_A(X, Y) = \frac{Q(X+Y) - Q(X) - Q(Y)}{2} = 0$$
(autrement dit $P \subset P^\perp$). Cependant l'ensemble P^* des X' tels que, pour tout X de P, on ait
$${}^t X X' = 0$$
est l'orthogonal de P soit au sens de la dualité (en voyant X' comme un vecteur de $(\mathbb{R}^3)^*$), soit au sens du produit scalaire euclidien canonique sur

$\mathbb{R}^3$. Quelle que soit l'interprétation on en déduit que P^* est de dimension $\dim(\mathbb{R}^3) - \dim(P) = 1$, i.e. que c'est une droite vectorielle. Donc, pour tout Y dans P, on a $AY \in P^*$ et A envoie un plan dans une droite. Ceci impose $\det(A) = 0$.

Réciproquement supposons $\det(A) = 0$. Comme A est symétrique réelle, elle est diagonalisable dans une base orthonormale pour le produit scalaire euclidien canonique de $\mathbb{R}^3$. Dans cette base A est diagonale et on a

$$Q(X) = \alpha x^2 + \beta y^2 + \gamma z^2 \quad \text{si } X = \begin{pmatrix} x \\ y \\ z \end{pmatrix}.$$

De plus l'une des valeurs propres est nulle, disons γ et le plan Π est maintenant donné par une équation de la forme

$$ax + by + cz = 1 \quad \text{avec } a^2 + b^2 + c^2 = 1$$

puisque la distance de O à Π est 1.

Si α et β sont de même signe, alors le cône isotrope Γ est donné par $x = y = 0$ et la conique est donc d'équation $cz = 1$. On obtient une droite ou un ensemble vide (si $c = 0$) mais, de toute façon, ce n'est pas une équation du second degré et on n'obtient donc pas une conique.

Si α et β sont de signes opposés, disons $\alpha = u^2$ et $\beta = -v^2$, alors Γ est la réunion des deux plans donnés par $ux \pm vy = 0$ et C est donc formé de l'intersection de ces deux plans avec Π, chacune étant soit une droite, soit un plan, soit un ensemble vide. Par hypothèse sur C, elle n'est pas vide et donc C contient une droite.

En résumé, C est dégénérée si et seulement si $\det(A) = 0$.

2. On note A_0 et A_1 les matrices symétriques réelles de dimension 3 associées à Q_0 et Q_1, comme on vient de le faire. Il résulte de ce qui précède que C_t est dégénérée si et seulement si $\det(tA_1 + (1-t)A_0) = 0$. C'est une équation de degré au plus 3 en t.

3. On se donne une équation générale de degré 4

$$a_0 x^4 + a_1 x^3 + a_2 x^2 + a_3 x + a_4 = 0 \quad \text{avec } a_0 \neq 0.$$

En posant
$$X = x + \frac{a_1}{4a_0}$$

et en divisant le membre de gauche par a_0 (qui est non nul), on obtient une équation de la forme
$$X^4 + aX^2 + bX + c = 0.$$

On peut interpréter l'ensemble des X racines de cette équation comme les abscisses des points (X, Y) qui vérifient

Exercice 2. Résolution des équations de degré 4   39

$$Y = X^2 \quad \text{et} \quad Y^2 + aX^2 + bX + c = 0$$

autrement dit ce sont les abscisses des points d'intersection de la parabole (C_0) d'équation $Y = X^2$ et de la conique (C_1) d'équation $Y^2 + aX^2 + bX + c = 0$.
On cherche donc t de sorte que la conique d'équation

$$(1-t)(Y - X^2) + t(Y^2 + aX^2 + bX + c) = 0$$

i.e.
$$(t(a+1) - 1)X^2 + tY^2 + tbX + (1-t)Y + tc = 0$$

soit dégénérée. Pour cela on résout une équation de degré au plus trois, à savoir

$$\begin{vmatrix} t(a+1) - 1 & 0 & tb/2 \\ 0 & t & (1-t)/2 \\ tb/2 & (1-t)/2 & tc \end{vmatrix} = 0$$

i.e.
$$\frac{((a+1)(4c-1) - b^2)t^3 + (2a + 3 - 4c)t^2 - (a+3)t + 1}{4} = 0.$$

Si cette équation n'est pas de degré 3, c'est que $\det(A_1 - A_0) = (a+1)(4c-1) - b^2$ est nul et, dans ce cas, la conique d'équation $Q_0 - Q_1 = 0$ est dégénérée. Sinon on résout l'équation de degré 3 et on trouve t tel que la conique d'équation $tQ_1 + (1-t)Q_0 = 0$ est dégénérée.

Dans tous les cas on a trouvé une conique dégénérée C telle que $C \cap C_0 = C_1 \cap C_0$. En effet il suffit de vérifier que C n'est pas C_0. Mais c'est clair puisque C est dégénérée et pas C_0 (c'est une parabole!).

Il nous faut maintenant trouver les équations des deux droites qui composent C (ces droites pouvant être confondues). On a donc une équation de la forme

$$Q(x,y) = a_{11}x^2 + a_{22}y^2 + a_{33} + 2a_{12}xy + 2a_{13}x + 2a_{23}y = 0$$

et on veut trouver des scalaires (que l'on sait exister) tels que

$$a_{11}x^2 + a_{22}y^2 + a_{33} + 2a_{12}xy + 2a_{13}x + 2a_{23}y = (\alpha x + \beta y + \gamma)(\alpha' x + \beta' y + \gamma').$$

Remarquons que

$$\frac{\partial Q}{\partial x} = \frac{\partial Q}{\partial y} = 0 \Leftrightarrow \begin{cases} \alpha x + \beta y + \gamma = 0 \\ \alpha' x + \beta' y + \gamma' = 0 \end{cases}$$

et ce même si les deux droites Δ $(\alpha x + \beta y + \gamma = 0)$ et Δ' $(\alpha' x + \beta' y + \gamma' = 0)$ sont parallèles. Si tel n'est pas le cas on est juste en train de chercher le centre de la conique, qui est ici le point d'intersection des deux droites qui forment la conique.

Si $\frac{\partial Q}{\partial x} = 0$ et $\frac{\partial Q}{\partial y} = 0$ n'est pas un système de Cramer, on a terminé puisqu'alors la conique est formée de deux droites parallèles dont la direction est donnée par le terme linéaire commun à ces deux équations. Les constantes γ et γ' sont déterminée par leur produit et leur somme, i.e. par a_{33} et par a_{23} ou a_{13} (selon que α ou β est non nul), i.e. on les obtient en résolvant une équation de degré deux.

Sinon on résout le système et on trouve le centre $O = (c_1, c_2)$ de la conique. On paramètre alors les droites passant par ce point par leur pente t et on cherche à savoir si la droite est incluse dans la conique. Pour cela il suffit qu'un point de la droite autre que le centre appartienne à la conique. On prend par exemple le point $(c_1 + 1, c_2 + t)$ (si t est finie) et $(c_1, c_2 + 1)$ (si t est infinie). L'appartenance de ce point à la conique est une équation de degré au plus 2 en t. On a donc pu trouver deux droites Δ et Δ' (éventuellement confondues) telles que

$$C_0 \cap C_1 = (C_0 \cap \Delta) \cup (C_0 \cap \Delta').$$

Et ce en résolvant des équations de degré au plus 3.

Il reste à observer que l'intersection d'une droite avec une conique non dégénérée est donnée par une équation de degré 2 et il nous suffit donc d'en résoudre au plus deux encore pour trouver tous les points de $C_0 \cap C_1$.

Remarque : la conique d'équation $Y^2 + aX^2 + bX + c = 0$ est dégénérée si et seulement si $b^2 - 4ac = 0$ et dans ce cas le trinôme du second degré en X s'écrit $a(X + d)^2$ et l'équation du quatrième degré se résout aisément.

Commentaires. On n'est pas tout à fait satisfait si on ne sait pas résoudre les équations de degré 3. Il existe des méthodes diverses et variées, mais la plus élégante que je connaisse (et qui a obtenu le prix Fermat junior) est la suivante : on part de l'équation générale

$$x^3 + 3ax^2 + 3bx + c = 0$$

et on veut écrire le premier membre sous la forme

$$x^3 + 3ax^2 + 3bx + c = \lambda(x + u)^3 + \mu(x + v)^3$$

avec u, v, λ et μ des complexes quelconques. Ensuite on n'a plus qu'à extraire des racines cubiques de λ et μ, et résoudre des systèmes linéaires. On cherche donc u, v, λ et μ. En développant on obtient :

$$1 = \lambda u^0 + \mu v^0 \quad a = \lambda u^1 + \mu v^1 \quad b = \lambda u^2 + \mu v^2 \quad c = \lambda u^3 + \mu v^3.$$

On observe maintenant que cela veut exactement dire que $(1, a, b, c)$ sont les quatre premiers termes d'une suite qui est combinaison linéaire des suites de termes généraux u^n et v^n respectivement. On s'intéresse donc aux suites récurrentes linéaires d'ordre 2 dont le polynôme caractéristique est $(x-u)(x-v)$, autrement dit aux suites vérifiant

$$x_{n+2} - (u+v)x_{n+1} + uv x_n = 0$$

pour tout entier naturel n.

On trouvera les coefficients λ et μ en étudiant les deux premiers termes (i.e. 1 et a). La propriété de récurrence linéaire s'écrit sur les deux suivants (i.e. b et c). Cette dernière s'explicite ainsi

$$b - (u+v)a + uv = 0 \quad \text{et} \quad c - (u+v)b + uva = 0$$

ou encore

$$\begin{pmatrix} a & -1 \\ b & -a \end{pmatrix} \begin{pmatrix} u+v \\ uv \end{pmatrix} = \begin{pmatrix} b \\ c \end{pmatrix}$$

i.e. (si $b - a^2 \neq 0$)

$$u + v = \frac{c - ab}{b - a^2} \quad \text{et} \quad uv = \frac{ac - b^2}{b - a^2}.$$

Dans le cas favorable on obtient donc u et v en résolvant l'équation du second degré

$$(b - a^2)U^2 + (ab - c)U + ac - b^2 = 0.$$

Dans l'autre cas on a immédiatement

$$x^3 + 3ax^2 + 3bx + c = x^3 + 3ax^2 + 3a^2x + c = (x+a)^3 + (c - a^3)$$

que l'on résout sans autre forme de procès.

Si b est distinct de a^2 il nous faut encore trouver λ et μ. Si u est distinct de v, cela s'écrit

$$1 = \lambda + \mu \qquad a = \lambda u + \mu v.$$

Le déterminant de ce système est $v - u$ et on trouve λ et μ en résolvant ce système de Cramer.

Si au contraire $u = v$, les suites qui vérifient la relation de récurrence linéaire sont de la forme $(\lambda + \mu n)u^n$ et on doit donc résoudre

$$1 = \lambda \qquad a = (\lambda + \mu)u.$$

Si u n'est pas nul, on trouve λ et μ en résolvant ce système de Cramer. Notons qu'alors le polynôme du troisième degré initial se met sous la forme

$$x^3 + 3ax^2 + 3bx + c = (x+u)^3 + 3\mu u(x+u)^2 = (x+u)^2(x + (3\mu+1)u).$$

et donc l'équation de départ a une racine double. D'une part cela se détecte sur l'équation initiale par le résultant (ou par le discriminant de l'équation du second degré en U), d'autre part ce cas est facile à traiter. En effet on trouve les racines du polynôme dérivé en résolvant une équation du second degré et cela donne une des racines de l'équation (dans ce cas). On cherche alors les deux autres en résolvant une équation du second degré.

Il nous reste à traiter le cas où $u = 0$ est racine double de l'équation en U, i.e. $ab = c$ et $ac = b^2$. Si c ou b est nul, les deux le sont et donc 0 est racine double de l'équation de départ, la troisième étant $-3a$. Si bc n'est pas nul, on en déduit $a^2bc = b^2c$ et donc $b = a^2$. Ce cas ayant déjà été étudié, on a fini l'étude.

En résumé l'idée de départ permet de trouver les racines dans le cas où l'équation est irréductible (i.e. n'a pas de racine double) et quand elle n'est pas de la forme $(x+a)^3 + a' = 0$. Ces derniers cas étant immédiats à traiter. On a l'algorithme d'étude suivant :

1. Si $b = a^2$, on résout directement et on a $x = -a + \sqrt[3]{a^3 - c}$.

2. Si $b \neq a^2$ et $4a^3c - 3a^2b^2 + 4b^3 + c^2 - 6abc = 0$, l'équation a une racine au moins double et son ensemble de solutions est, en notant les racines avec leur multiplicité,

$$\frac{ab-c}{2(b-a^2)}, \quad \frac{ab-c}{2(b-a^2)}, \quad \frac{3a^3 - 4ab + c}{b - a^2}.$$

3. Dans les autres cas on résout l'équation en U

$$(b-a^2)U^2 + (ab-c)U + ac - b^2 = 0$$

et, si u et v sont ses solutions,

$$x = \frac{u\sqrt[3]{v-a} + v\sqrt[3]{a-u}}{\sqrt[3]{v-a} + \sqrt[3]{a-u}}$$

où on choisit les mêmes déterminations des racines cubiques (il y en a *priori* trois possibles à chaque fois) pour les termes du numérateur et pour ceux du dénominateur. On remarquera que le choix de nommer u ou v les racines de l'équation en U n'influe pas sur le résultat et qu'on a en fait trois solutions même s'il y a *a priori* neuf choix possibles pour les deux déterminations de racines cubiques.

On pourra consulter Claude Mutafian, *Équations algébriques et théorie de Galois*, paru chez Vuibert.

Exercice 3
Théorie de Galois élémentaire

Supposons que $P(\alpha) = 0$ avec $\alpha = \pm 2^{p/q}$, pour p et q dans $\mathbb{N}^*$. Quitte à considérer $P(-X)$ au lieu de $P(X)$ (qui est à coefficients entiers et dont le terme constant est impair puisque c'est le même que celui de P), on peut supposer que α est positif.

Soit Q le polynôme à coefficients entiers tel que $Q(X) = P(X^p)$. Son terme constant est $Q(0) = P(0)$ et est donc impair; comme $2^{1/q}$ est racine de Q, il suffit d'obtenir une contradiction dans le cas où $p = 1$.

On suppose donc $p = 1$ et on a donc $\alpha^q - 2 = 0$. Effectuons la division euclidienne, dans $\mathbb{Z}[X]$, de P par $X^q - 2$ (ce qui est licite puisque c'est un polynôme unitaire) :

$$P(X) = (X^q - 2)S(X) + R(X)$$

avec $\deg(R) < q$. On a encore $R(\alpha) = 0$ et $R(0) = P(0) + 2S(0)$ est impair. On est donc ramené à obtenir une contradiction dans le cas où $p = 1$ et $\deg(P) < q$.

On écrit alors $\sum_{i=0}^{q-1} a_i 2^{i/q} = 0$ avec les a_i entiers, pour $0 \le i < q$, et a_0 impair. Par multiplications successives par $2^{1/q}$ on obtient $2a_{q-1} + \sum_{i=0}^{q-2} a_i 2^{(i+1)/q} = 0$ etc. jusqu'à $2\sum_{i=1}^{q-1} a_i 2^{(i-1)/q} + a_0 2^{(q-1)/q} = 0$. Autrement dit le vecteur $X = (1, 2^{1/q}, \ldots, 2^{(q-1)/q})$ est solution de l'équation $A^t X = 0$ où A est la matrice

$$A = \begin{pmatrix} a_0 & a_1 & \cdots & a_{q-1} \\ 2a_{q-1} & a_0 & \cdots & a_{q-2} \\ \vdots & \vdots & \ddots & \vdots \\ 2a_1 & 2a_2 & \cdots & a_0 \end{pmatrix}.$$

Comme X n'est pas nul, il faut donc que le déterminant de A soit nul. Comme tous les termes en dessous de la diagonale sont pairs, ce déterminant a la même parité que a_0^n, ou encore que a_0 et il ne peut donc être nul. Cette contradiction assure que $2^{1/q}$ n'est pas racine d'un tel polynôme.

Commentaires. En termes de théorie de Galois le polynôme minimal de $2^{1/q}$ sur $\mathbb{Q}$ est $X^q - 2$. C'est-à-dire que tout polynôme de $\mathbb{Q}[X]$ dont $2^{1/q}$ est racine doit être un multiple de $X^q - 2$. En particulier les polynômes à coefficients entiers sont de la forme $(X^q - 2)P(X)$ avec P dans $\mathbb{Z}[X]$ et leur terme constant est donc $-2P(0)$, i.e. est pair. À noter que si $\alpha = 2^{p/q}$ avec $p < 0$, il faut demander au coefficient dominant de P d'être impair pour obtenir une impossibilité. Ceci se déduit de ce qui précède en considérant $X^{\deg(P)} P(1/X) \in \mathbb{Z}[X]$ dont le terme constant est justement le coefficient dominant de P. L'imparité du terme constant n'apporte rien dans ce cas comme le montre le cas de $\alpha = 1/2$ et $P(X) = 2X - 1$. On pourra consulter Jean-Calude Carrega, *La théorie des corps, la règle et le compas*, paru chez

Hermann, Claude Mutafian, *Équations algébriques et théorie de Galois*, paru chez Vuibert ou Ian Stewart, *Galois theory*, paru chez Chapman and Hall.

Exercice 4
Théorème de Fermat pour les polynômes

1. On note a, b et c les degrés respectifs de A, B et C. Soit P le polynôme $AB' - A'B$. On a également $P = AC' - A'C = BC' - B'C$. Soit A_1, B_1 et C_1 des p.g.c.d. respectifs de A et A', B et B', C et C'. On note a_1, b_1 et c_1 leurs degrés respectifs.

D'après les expressions de P, celui-ci est divisible par chacun de ces trois p.g.c.d. ; comme A, B et C sont premiers dans leur ensemble et $C = A + B$, A, B et C sont en fait premiers deux à deux (par exemple si Q divise A et B, il divise aussi $A + B = C$) et il en est donc de même pour A_1, B_1 et C_1. Il en résulte que P est divisible par $A_1 B_1 C_1$.

Remarquons que A_1 correspond aux racines multiples de A : si $A(X) = \alpha \prod_i (X - \alpha_i)^{n_i}$, on a $A_1 = \prod_i (X - \alpha_i)^{n_i - 1}$ et donc le nombre de racines de A est exactement $a - a_1$. Soit N le nombre total de racines de A, B et C. Comme ils sont premiers entre eux deux à deux, N est la somme du nombre de racines de chacun de ces polynômes. On a donc

$$N = a - a_1 + b - b_1 + c - c_1 = a + b + c - \deg(A_1 B_1 C_1)$$

et comme $A_1 B_1 C_1$ divise P, il en résulte

$$N \geq a + b + c - \deg(P) \ .$$

D'après les expressions de P, on a $\deg(P) \leq \min\{a+b-1, b+c-1, c+a-1\}$ et donc

$$N \geq \max\{a+1, b+1, c+1\} > \max\{a, b, c\} \ .$$

2. Soit A, B et C trois polynômes à coefficients complexes et D un p.g.c.d. de A, B et C. On pose $A_0 = A/D$, $B_0 = B/D$ et $C_0 = C/D$ et a_0, b_0 et c_0 les degrés respectifs de ces polynômes. Dire que A, B et C ne sont pas multiples les uns des autres revient à dire que

$$\max\{a_0, b_0, c_0\} \geq 1 \ .$$

Supposons maintenant que l'on ait $A^n + B^n = C^n$ avec $\max\{a_0, b_0, c_0\} \geq 1$ et $n \geq 3$. On a aussi $A_0^n + B_0^n = C_0^n$. On peut donc appliquer la question précédente aux trois polynômes A_0^n, B_0^n et C_0^n, qui sont bien premiers entre eux puisque A_0, B_0 et C_0 le sont. Le nombre total de racines de A_0^n, B_0^n et C_0^n est le même que pour $n = 1$ et est donc inférieur à $\deg(A_0 B_0 C_0)$. D'après la question précédente, on devrait avoir $N > \max\{\deg(A_0^n), \deg(B_0^n), \deg(C_0^n)\} = n \max\{a_0, b_0, c_0\}$ et donc

$$N > 3 \max\{a_0, b_0, c_0\} \geq \deg(A_0 B_0 C_0) \ .$$

Ceci fournit une contradiction et on en déduit qu'une telle équation est impossible dès que n est supérieur à 3, pour des polynômes non proportionnels.

Commentaires. On a en fait démontré une propriété connue sous le nom de « conjecture a, b, c » (pour les polynômes) et dont il est démontré qu'elle entraîne le « grand théorème de Fermat ». Ce n'est pas la méthode par laquelle il a été démontré et, dans le cas général, la « conjecture a, b, c » reste une conjecture. On pourra se reporter aux commentaires de l'exercice 1 pour des compléments ou consulter Hardy and Wright, *Introduction to the theory of numbers*, paru chez Clarendon press.

Donnons, pour la bonne bouche, la résolution dans le cas $n = 3$ du théorème de Fermat telle que l'a donnée Gauß (à la suite d'Euler). La méthode repose sur l'idée de descente infinie due à Pierre de Fermat. On scinde l'étude en deux étapes. On suppose d'abord que $x^3 + y^3 = z^3$ avec x, y et z premiers entre eux, quitte à diviser par leur pgcd. Si un nombre premier p divise deux de ces trois quantités, il divise leurs cubes et aussi la somme ou la différence de leurs cubes, donc le cube du troisième et donc aussi le troisième. Il en résulte qu'en fait x, y et z sont premiers deux à deux.

La première étape consiste à montrer que 3 divise l'un des trois nombres x, y ou z. On a en effet

$$(x + y)^3 = x^3 + y^3 + 3xy(x + y) \equiv x^3 + y^3 \ [3] \quad \text{et} \quad x^3 + y^3 = z^3 \equiv z \ [3]$$

et donc

$$x + y \equiv z \ [3] \ .$$

D'où $z = x + y + 3n$ pour un certain entier n et aussi $z^3 = (x+y)^3 + 9m$ pour un certain entier m. Comme $z^3 = x^3 + y^3$, il en résulte, modulo 9,

$$3xy(x + y) = (x + y)^3 - (x^3 + y^3) \equiv 0 \ [9]$$

et donc

$$xy(x + y) \equiv 0 \ [3]$$

ce qui n'est rien d'autre que

$$xyz \equiv 0 \ [3]$$

puisque z est congru à $x + y$ modulo 3. C'est-à-dire que 3 divise le produit xyz et donc, d'après le lemme de Gauß, l'un des facteurs.

La seconde étape est une descente infinie, c'est-à-dire qu'à tout triplet solution on va associer un triplet « plus petit » qui est aussi solution. C'est évidemment impossible de le faire indéfiniment et c'est donc qu'il n'y a pas de solutions. Pour formaliser cela on va se placer dans

$$A = \mathbb{Z}[\rho] = \{a + b\rho \ / \ (a, b) \in \mathbb{Z}^2\} \ ,$$

pour $\rho = e^{2i\pi/3}$ une racine primitive troisième de l'unité. Ce sont les points du pavage du plan par des triangles équilatéraux (voir l'exercice 14).

C'est un anneau euclidien (voir les exercices 1 et 13) et on y trouve donc une décomposition en facteurs premiers unique (aux unités près) comme dans $\mathbb{Z}$. On introduit la norme dans cet anneau, donnée par

$$N(z) = |z|^2 = a^2 - ab + b^2 \ .$$

Les unités (i.e. les éléments inversibles de l'anneau) sont les éléments de norme 1, i.e. les racines sixièmes de l'unité $(1, -\rho^2, \rho, -1, \rho^2$ et $-\rho)$. Si $z = xy$ dans A, alors $N(z) = N(x)N(y)$ et, en particulier, si $N(z)$ est premier dans $\mathbb{N}$, alors z est premier dans A. Par exemple, pour $\mathfrak{p} = 1 - \rho$, on a $N(\mathfrak{p}) = 1 + 1 + 1 = 3$ et donc $\mathfrak{p}$ est premier.

Rappelons que $1 + \rho + \rho^2 = 0$ et remarquons que

$$\mathfrak{p}^2 = 1 - 2\rho + \rho^2 = -3\rho \ .$$

Il en résulte que la décomposition en facteurs premiers de 3 est donnée par

$$3 = (-\rho^2)\mathfrak{p}^2 \ .$$

($-\rho^2$ est une unité et $\mathfrak{p}$ est l'unique nombre premier qui divise 3.)

Si maintenant $x = a + b\rho$, $a + b$ est un entier et donc il existe n parmi 0, 1 ou -1 tel que $a+b$ soit congru à n modulo 3. Il en résulte que 3 divise $a+b-n$ (dans $\mathbb{Z}$) et donc $\mathfrak{p}$ divise $a + b - n$ dans A. Aussi $a + b\rho - n = a + b - n - b\mathfrak{p}$ est divisible par $\mathfrak{p}$ dans A.

Supposons que $x - 1$ soit divisible par $\mathfrak{p}$, alors

$$x^3 - 1 = (x - 1)(x - \rho)(x - \rho^2) = (x - 1)(x - 1 + \mathfrak{p})(x - 1 + (1 + \rho)\mathfrak{p})$$

et donc, si $x - 1 = y\mathfrak{p}$ pour y dans A, on a

$$x^3 - 1 = \mathfrak{p}^3 y(y + 1)(y + 1 + \rho) = \mathfrak{p}^3 y(y + 1)(y + 2 - \mathfrak{p}) \ .$$

Le même raisonnement que précédemment montre que $\mathfrak{p}$ divise l'un des nombres y, $y + 1$ our $y + 2 - \mathfrak{p} = y - 1 - \mathfrak{p}(1 + \mathfrak{p}\rho^2)$). Et donc $\mathfrak{p}^4$ divise $x^3 - 1$. Si $x + 1$ est divisible par $\mathfrak{p}$, alors $-x - 1$ aussi et donc $(-x)^3 - 1 = -x^3 - 1$ est divisible par $\mathfrak{p}^4$, i.e. $x^3 + 1$ est divisible par $\mathfrak{p}^4$.

On cherche donc à résoudre $x^3 + y^3 = z^3$ ou, ce qui revient au même mais est plus symétrique, $x^3 + y^3 + z^3 = 0$ (en changeant z en son opposé). On s'est placé dans le cas où ces nombres sont premiers entre eux deux à deux dans $\mathbb{Z}$ et où l'un (exactement) est divisible par 3. Or, si ces nombres sont premiers entre eux deux à deux, on peut écrire des relations de Bézout entre eux avec des coefficients entiers. *A fortiori* ces coefficients sont dans A et on a donc une relation de Bézout dans A, ce qui force ces nombres à être premiers entre eux dans A. Et si l'un d'eux est divisible par 3, il l'est par $\mathfrak{p}$ dans A. Il nous suffit donc de démontrer que l'équation

$$x^3 + y^3 + z^3 = 0$$

n'a pas de solutions dans A avec x, y et z premiers entre eux deux à deux et l'un d'eux divisible par $\mathfrak{p}$.

En fait dans $\mathbb{Z}$ toutes les unités sont des cubes, mais ce n'est pas vrai dans A, on va donc plutôt démontrer que l'équation

$$\epsilon_1 x^3 + \epsilon_2 y^3 + \epsilon_3 z^3 = 0$$

n'a pas de solutions dans A avec les ϵ_i des unités de A et toujours x, y et z premiers entre eux deux à deux et l'un d'eux divisible par $\mathfrak{p}$.

Pour cela choisissons un triplet solution pour lequel $N(xyz)$ est minimal (et donc non nul puisque les nombres sont premiers entre eux). On suppose que c'est z qui est divisible par $\mathfrak{p}$ et, quitte à changer y en $-y$ et ϵ_2 en $-\epsilon_2$, que $x - y$ n'est pas divisible par $\mathfrak{p}$ (on a vu que x et y sont congrus à ± 1 modulo $\mathfrak{p}$ chacun et donc x est congru à $\pm y$ modulo $\mathfrak{p}$; on se ramène ici au cas où x est congru à $-y$). Or donc, à un multiple de $\mathfrak{p}^4$ près, $\epsilon_1 x^3 + \epsilon_2 y^3$ vaut

$$\pm(\epsilon_1 - \epsilon_2) \,.$$

Comme il vaut aussi $-\epsilon_3 z^3$, il est donc divisible par $\mathfrak{p}^3$. Or la norme de l'élément que l'on vient de considérer est majorée par

$$N(\pm(\epsilon_1 - \epsilon_2)) = |\epsilon_1 - \epsilon_2|^2 \leq (|\epsilon_1| + |\epsilon_2|)^2 = 4$$

et donc ne peut être divisible par $\mathfrak{p}^3$ (qui est de norme 27) que s'il est nul. Il en résulte $\epsilon_2 = \epsilon_1$ et donc, quitte à diviser toutes les unités intervenant par ϵ_1, on se ramène à $\epsilon_1 = \epsilon_2 = 1$.

On en déduit aussi que $\epsilon_3 z^3$ est divisible par $\mathfrak{p}^4$ et donc z est divisible par $\mathfrak{p}^2$ (dans le cas des entiers, on le savait déjà, puisque z était divisible par 3) et z^3 l'est par $\mathfrak{p}^6$. Soit n la puissance de $\mathfrak{p}$ dans la décomposition de z en facteurs premiers, on a donc $n \geq 2$ et z^3 est divisible par $\mathfrak{p}^{3n}$.

On écrit
$$x^3 + y^3 = (x + y)(x + \rho y)(x + \rho^2 y) \,.$$

Comme

$$(x+y)-(x+\rho y) = \mathfrak{p} y \quad (x+y)-(x+\rho^2 y) = \mathfrak{p} y(1+\rho) \quad (x+\rho y)-(x+\rho^2 y) = \mathfrak{p} y \rho$$

si $\mathfrak{p}$ divise l'un des trois termes $x + y$, $x + \rho y$, $x + \rho^2 y$, il divise les trois et si $\mathfrak{p}^2$ divise l'un, il ne divise pas les autres (car il ne divise ni y qui est premier à z donc à $\mathfrak{p}$, ni ρ qui est une unité, ni $1 + \rho = -\rho^2$ qui est aussi une unité). Comme $\mathfrak{p}^{3n}$ divise $x^3 + y^3$, on en déduit que exactement l'un des termes est divisible par $\mathfrak{p}^{3n-2}$ et les autres exactement par $\mathfrak{p}$. Quitte à changer y en $y\rho$ ou $y\rho^2$ (ce qui ne change pas y^3), on peut supposer que c'est $x + y$ qui est divisible par $\mathfrak{p}^{3n-2}$ (avec $n \geq 2$). Posons

$$x + y = \mathfrak{p} x' \qquad x + \rho y = \mathfrak{p} y' \qquad x + \rho^2 y = \mathfrak{p} z' \,,$$

Alors
$$y' - z' = \rho y \qquad \text{et} \qquad z' - \rho y' = x$$

et donc si un nombre premier (dans A) divise y' et z', il divise x et y. Ceci prouve que y' et z' sont premiers entre eux. De même

Exercice 4. Théorème de Fermat pour les polynômes 49

$$x' - y' = y \quad \text{et} \quad y' - \rho x' = x$$

et donc x' et y' sont premiers entre eux. On montre aussi que x' et z' sont premiers entre eux. Comme leur produit est un cube, c'est que chacun est un cube (à des unités près). On a donc

$$x' = \epsilon'_1 X^3 \qquad y' = \epsilon'_2 Y^3 \qquad z' = \epsilon'_3 Z^3$$

pour des unités ϵ'_i et X, Y et Z des nombres dans A premiers entre eux deux à deux et avec X divisible par $\mathfrak{p}$. Or

$$\begin{aligned}\mathfrak{p}\left(\epsilon'_1 X^3 + \epsilon'_2 \rho Y^3 + \epsilon'_3 \rho^2 Z^3\right) &= (1+\rho+\rho^2)x + (1+\rho^2+\rho^4)y \\ &= (1+\rho+\rho^2)x + (1+\rho^2+\rho)y \\ &= 0\end{aligned}$$

et donc
$$\epsilon'_1 X^3 + (\epsilon'_2 \rho) Y^3 + (\epsilon'_3 \rho^2) Z^3 = 0 \ .$$

Comme $N(XYZ)^3 = N(x'y'z') = N(z^3/\mathfrak{p}^3)$, on a

$$N(XYZ) = \frac{N(z)}{3} < N(z) \le N(xyz) \ .$$

Ceci contredit la minimalité de $N(xyz)$ et achève de prouver le théorème de Fermat pour $n = 3$.

Exercice 5
Une équation matricielle

Si X est solution de $X^2 = A$, alors $XA = XX^2 = X^3 = X^2X = AX$ et donc X et A commutent. On peut donc les triangulariser dans une même base.

On se place dans un sous-espace caractéristique E de A. Autrement dit on se place dans $E = Ker(A - a.Id)^m$ pour a une valeur propre de A et m suffisamment grand, par exemple $m = n$. Comme E est stable par A et comme X doit commuter à A, X doit laisser E stable. Comme $\mathbb{C}^n$ est somme directe des sous-espaces caractéristiques de A, on obtiendra toutes les solutions de l'équation $X^2 = A$ en prenant une solution quelconque dans chaque E.

Les valeurs propres de X sont alors solutions de $x^2 = a$. Pour résoudre $X^2 = A$ quand a est non nul, il faut donc se donner une décomposition de E en deux sous-espaces (les sous-espaces caractéristiques de X) et chercher dans chacun d'eux une solution n'ayant qu'une seule valeur propre. Quand a est nul, il faut trouver X n'ayant que 0 comme valeur propre.

On se place donc dans un sous-espace caractéristique F de X autrement dit $X - xId_F$ est nilpotente sur F pour un certain x. Mais alors (pour $a = x^2$) $A - aId_F$ est également nilpotente ; en effet $A - aId = (X - xId)(X + xId)$, donc, comme $X - xId$ et $X + xId$ commutent,

$$(A - aId)^m = (X - xId)^m(X + xId)^m = 0$$

pour m assez grand, car $X - xId$ est nilpotente.

F est donc stable par A et $A = a.Id_F + N$ sur F avec N nilpotente. Donc toute solution sur E est donnée (si a est non nul) par la somme de 2 solutions sur deux sous-espaces F et F' de E, stables par A et sur lesquels X n'a qu'une valeur propre. On est donc ramené au problème suivant : F est un sous-espace stable par A d'un sous-espace caractéristique de A et on cherche X sous la forme $X = x.Id_F + N'$ où x est solution de $x^2 = a$. Autrement dit on cherche à résoudre une équation entre matrices nilpotentes :

$$2xN' + N'^2 = N \ .$$

Matriciellement, en se plaçant dans la base de triangularisation de X, on peut supposer N et N' triangulaires.

Examinons le problème en petites dimensions. Notons p la dimension de F. Pour $p = 1$ il n'y a pas de problème puisque N et N' sont nulles. Pour $p = 2$, écrivons

$$N = \begin{pmatrix} 0 & n \\ 0 & 0 \end{pmatrix} \qquad N' = \begin{pmatrix} 0 & n' \\ 0 & 0 \end{pmatrix} \qquad 2xN' + N'^2 = \begin{pmatrix} 0 & 2xn' \\ 0 & 0 \end{pmatrix} \ .$$

Autrement dit si $x \neq 0$ (i.e. $a \neq 0$), on a une seule solution à x fixé et si $a = x = 0$ on n'a de solution que si A est diagonalisable et alors X est quelconque n'ayant que 0 pour valeur propre.

Pour $p = 3$, posons $N = N_1 + N_2$ et $N' = N'_1 + N'_2$ où les indices 1 et 2 correspondent aux coefficients de N et N' d'indices (i,j) tels que $j - i = 1$ ou $j - i = 2$ (surdiagonale et coefficient en haut à droite). On a $2xN' + (N')^2 = 2xN'_1 + 2xN'_2 + (N'_1)^2$ et on doit donc résoudre $2xN'_1 = N_1$ et $2xN'_2 + (N'_1)^2 = N_2$. Si $x \neq 0$ on a une fois encore unicité de N'_1 et donc aussi de N'_2. Par contre si $x = 0$, on doit avoir $N_1 = 0$ et on résout alors $(N'_1)^2 = N_2$. Cette équation a une infinité de solutions. En effet, matriciellement, on a :

$$N_2 = \begin{pmatrix} 0 & 0 & n \\ 0 & 0 & 0 \\ 0 & 0 & 0 \end{pmatrix}$$

$$N'_1 = \begin{pmatrix} 0 & n' & 0 \\ 0 & 0 & n'' \\ 0 & 0 & 0 \end{pmatrix} \quad \text{et} \quad (N'_1)^2 = \begin{pmatrix} 0 & 0 & n'n'' \\ 0 & 0 & 0 \\ 0 & 0 & 0 \end{pmatrix}.$$

En argumentant suivant les mêmes lignes, on voit que, quand a est non nul (et donc x non plus), il y a une unique solution en N'.

Par contre quand $a = x = 0$, on cherche à résoudre $(N')^2 = N$ avec N et N' nilpotentes. Remarquons que, dans un espace de dimension p, si N' est nilpotente alors $(N')^p = 0$ (c'est par exemple le théorème de Cayley-Hamilton, mais ça se voit directement dans l'écriture matricielle). En appliquant cette condition nécessaire, on voit que l'on a nécessairement

$$N^q = 0 \quad \text{pour } q = E\left[\frac{p+1}{2}\right].$$

C'est la condition $N = 0$ quand $p = 2$ mais c'est moins fort que la condition $N_1 = 0$ quand $p = 3$. Néanmoins dans l'étude précédente on a imposé d'écrire les matrices dans une base de triangularisation commune et il arrive que l'on puisse résoudre $(N')^2 = N$ même si N_1 n'est pas nulle. Par exemple

$$\begin{pmatrix} 0 & 0 & 0 \\ 0 & 0 & 1 \\ 0 & 0 & 0 \end{pmatrix} = \begin{pmatrix} 0 & 0 & 1 \\ 1 & 0 & 0 \\ 0 & 0 & 0 \end{pmatrix}^2.$$

Pour comprendre cela et expliciter mieux la condition, il faut étudier les blocs de Jordan de A et X. Se donner un bloc de Jordan de X, c'est se donner un vecteur u tel que $X^m u = 0$, $X^{m-1} u \neq 0$ et tel que le sous-espace engendré par $\langle u, Xu, \ldots, X^{m-1}u \rangle$ admet un supplémentaire stable par X. Ce bloc de Jordan de X (de taille m) donne naissance à deux blocs de Jordan de A, celui engendré par u (de taille $E[(m+1)/2]$) et celui engendré par Xu (de taille $E[m/2]$). Ces formules sont valables pour tout m (même $m = 1$). Réciproquement si on se donne deux blocs de Jordan de A de tailles égales (disons k) ou différant d'une unité (disons k et $k+1$), on peut définir X sur la somme de ces sous-espaces en envoyant le générateur du bloc le plus grand (s'il y en a un, n'importe lequel des deux sinon) sur le générateur de l'autre bloc. Une remarque spéciale pour le cas où les blocs sont de tailles 0 et 1 : il est obtenu pour $k = 0$ que l'on autorise donc si les blocs sont de tailles différentes, mais que l'on exclut évidemment si les blocs sont de tailles égales. En définitive, on obtient pour X un bloc de Jordan de taille la somme des deux blocs de A, i.e. $2k$ ou $2k + 1$ selon les cas.

Notons n_k le nombre de blocs de Jordan de A de taille k et N_k le nombre de blocs de Jordan de taille supérieure (ou égale) à k. La condition s'explcite ainsi : pour tout entier k supérieur à 1, si N_{k+1} est impair alors n_k n'est pas nul. Cela se démontre par récurrence sur l le plus grand des k pour lequel $n_k \neq 0$. Si $l = 1$, A est nulle et on peut prendre $X = 0$, la condition est bien vide. Montrons que si l'hypothèse est vraie au rang l, elle l'est au rang $l + 1$. Les blocs de taille $l + 1$ sont nécessairement associés soit à des blocs de même taille, soit de taille l. Il y a un nombre pair de blocs de taille $l+1$ associés entre eux et donc un nombre de même parité que n_{l+1} (ce qui est la même chose que N_{l+1} dans ce cas) de blocs associés à des blocs de taille l. En particulier si N_{l+1} est impair, il est nécessaire que n_l soit non nul. Si cette condition est remplie, quel que soit le nombre de blocs de tailles $l + 1$ associés entre eux, en se plaçant dans l'espace stable supplémentaire des blocs de taille $l + 1$ et leurs associés, on est ramené au cas d'une matrice qui a des invariants n'_k égaux à ceux de A, sauf que n'_{l+1} est nul et n'_l a la même parité que $n_l - n_{l+1}$, i.e. la même parité que N_l. La condition est donc bien nécessaire, par hypothèse de récurrence.

Pour montrer qu'elle est suffisante, on associe autant de blocs de taille $l + 1$ que possible, de façon à en associer au plus un avec un bloc de taille l. Si la condition nécessaire dépendant de la parité de N_{l+1} est satisfaite, on est ramené à une matrice A ayant comme invariants n'_k les mêmes que ceux de A, sauf que $n'_{l+1} = 0$ et $n'_l = n_l$ ou $n'_l = n_l - 1$ (et dans ce dernier cas, n_l est non nul). Par hypothèse de récurrence on peut définir X sur ce sous-espace stable (et ayant un supplémentaire stable) et donc partout.

Reprenons l'étude du cas $p = 3$, les blocs de Jordan sont de tailles 1, 2 ou 3 et la somme de ces tailles est p (i.e. 3). On a donc trois cas possibles : trois blocs de taille 1 (i.e. A est nulle), deux blocs l'un de taille 2 et l'autre de taille 1, un seul bloc de taille 3. Seul ce dernier cas est exclu par notre condition et c'est celui qui correspond à N^2 non nul. Cela dit, attention, la condition que l'on vient de trouver n'est pas la condition $N^q = 0$ comme le montre le cas $p = 6$ et N ayant quatre blocs de Jordan, un de taille 3 et trois de taille 1.

Pour synthétiser un peu, on a démontré que si $\det(A)$ est non nul, l'équation a au moins une solution, mais si 0 est valeur propre de A, on a une condition supplémentaire liée aux blocs de Jordan de A attachés à la valeur propre 0. En particulier si A est diagonalisable, on a bien une solution (c'est d'ailleurs immédiat sur la forme diagonale de A). Le nombre de solutions pourrait être détaillé en fonction des blocs de Jordan.

Exercice 6
Transcendance de e

1. On calcule plus généralement

$$I_k = \int_0^{+\infty} e^{-x} x^k \, dx \; .$$

Pour k supérieur à 1, une intégration par partie montre que $I_k = kI_{k-1}$. Comme $I_0 = 1$, on en déduit $I_k = k!$ pour tout entier naturel k (en convenant $0! = 1$).

Il en résulte que si $P(X) = a_0 + a_1 X + \ldots + a_k X^k$, alors

$$\begin{aligned}
\int_0^{+\infty} e^{-x} \frac{x^{n-1}}{(n-1)!} P(x) dx &= \int_0^{+\infty} e^{-x} \frac{\sum_{m=0}^{k} a_m x^{n+m-1}}{(n-1)!} dx \\
&= \frac{a_0(n-1)! + a_1 n! + \ldots + a_k(n+k-1)!}{(n-1)!} \\
&= a_0 + a_1 n + \ldots + a_k(n+k-1)\ldots n \\
&\equiv a_0 \; [n] \; .
\end{aligned}$$

2. Soit $Q(X)$ un polynôme à coefficients entiers tel que $Q(e) = 0$. Écrivons $Q(X) = \sum_{k=0}^{l} a_k X^k$; comme e est non nul, on peut supposer que a_0 est non nul (quitte à diviser Q par une puissance suffisante de X) et on a donc $\sum_{k=0}^{l} a_k e^k = 0$ et, a fortiori,

$$\sum_{k=0}^{l} a_k e^k \left(\int_0^{+\infty} e^{-x} \frac{x^{n-1}(x-1)^n \ldots (x-l)^n}{(n-1)!} dx \right) = 0$$

pour tout entier n, avec a_0 non nul.

Soit k un entier compris entre 0 et l, on calcule le k^e terme :

$$\begin{aligned}
& e^k \int_0^{+\infty} e^{-x} \frac{x^{n-1}(x-1)^n \ldots (x-l)^n}{(n-1)!} dx \\
=& \int_0^{+\infty} e^{k-x} \frac{x^{n-1}(x-1)^n \ldots (x-l)^n}{(n-1)!} dx \\
=& \int_{-k}^{+\infty} e^{-y} \frac{(y+k)^{n-1}(y+k-1)^n \ldots (y+k-l)^n}{(n-1)!} dy \\
=& \int_{-k}^{0} e^{-y} \frac{(y+k)^{n-1}(y+k-1)^n \ldots (y+k-l)^n}{(n-1)!} dy \\
& + \int_0^{+\infty} e^{-y} \frac{(y+k)^{n-1}(y+k-1)^n \ldots (y+k-l)^n}{(n-1)!} dy
\end{aligned}$$

Le second terme est un entier. Si $k = 0$ c'est un entier congru à

$$[-1(-2)\ldots(-l)]^n = (-1)^{nl}(l!)^n$$

modulo n. Si k n'est pas nul, $e^{-y}y^{n-1}$ est en facteur de y fois un autre polynôme et donc on trouve un entier nul modulo n.

Il en résulte

$$\sum_{k=0}^{l} a_k \int_0^{+\infty} e^{-y} \frac{(y+k)^{n-1}(y+k-1)^n \ldots (y+k-l)^n}{(n-1)!} dy \equiv (-1)^{nl} a_0 (l!)^n \ [n]$$

et donc c'est un entier non nul dès que n est premier à a_0 et à tous les nombres inférieurs à l. Par exemple si n est un nombre premier supérieur à l et $|a_0|$.

Bornons le premier terme, on a, pour k entre 0 et l, et y entre $-k$ et 0,

$$e^{-y} \leq e^l \quad \text{et} \quad \left|(y+k)^{n-1}(y+k-1)^n \ldots (y+k-l)^n\right| \leq l^{(l+1)n}$$

et donc, en notant $a_Q = \max_{0 \leq k \leq l} |a_k|$,

$$\left|\sum_{k=0}^{l} a_k \int_{-k}^{0} e^{-y} \frac{(y+k)^{n-1}(y+k-1)^n \ldots (y+k-l)^n}{(n-1)!} dy\right|$$

est majoré par

$$(l+1)a_Q l \frac{e^l l^{n(l+1)}}{(n-1)!}$$

et tend donc vers 0 quand n tend vers l'infini. Choisissons donc n premier supérieur à l et $|a_0|$ et tel que la quantité précédente soit strictement inférieure à 1. La somme des deux termes devrait être nulle et pourtant c'est la somme d'un entier non nul (puisque non nul modulo n) et d'un réel de valeur absolue inférieure à 1. Cette impossibilité prouve que Q ne saurait exister, i.e. e est transcendant en ce sens qu'il n'est racine d'aucun polynôme à coefficients entiers.

Commentaires. On démontre la transcendance de π à partir de la relation bien connue $e^{i\pi} = -1$. En effet le théorème général qu'on peut démontrer est que si z est un complexe non nul, alors z et e^z ne peuvent être simultanément algébriques. On pourra consulter T. Schneider, *Introduction aux nombres transcendants*, paru chez Gauthier-Villars, Serge Lang, *Introduction to transcendental numbers*, paru chez Addison-Wesley ou encore A. Baker, *Transcendental number theory*, paru chez Cambridge university press.

Donnons une démonstration de la transcendance de π moins générale mais avec l'essentiel des idées directrices. On suppose donc que π est racine d'un polynôme à coefficients rationnels. On peut même prendre le polynôme à coefficients entiers, disons Q. En considérant $Q(X)Q(-X)$ qui est un polynôme pair, on peut se ramener au cas où Q est pair. Écrivons

$$Q(X) = \sum_{i=0}^{n} \alpha_{2i} X^{2i},$$

alors $i\pi$ est racine du polynôme à coefficients entiers

$$P(X) = \sum_{i=0}^{n} (-1)^i \alpha_{2i} X^{2i} .$$

(En fait les nombres algébriques forment un corps et i est algébrique puisque racine de $X^2 + 1$, donc si π est algébrique, $i\pi$ aussi.)

Notons $(x_i)_{1 \leq i \leq m}$ les racines de P écrites avec multiplicités. Soit D un pgcd de P et P' : c'est un polynôme à coefficients rationnels qui divise P dans l'anneau $\mathbb{Q}[X]$ et tel que P/D a les mêmes racines que P et n'a que des racines simples. C'est *a priori* un polynôme à coefficients rationnels, mais on peut le multiplier par un entier pour obtenir un polynôme à coefficients entiers. On peut donc supposer que P n'a que des racines simples.

On veut construire des polynômes P_k à coefficients entiers dont les racines sont les sommes de k x_i distincts. Pour $k = 1$, on prend bien sûr $P_1 = P$. Pour k entre 1 et m, notons I_k l'ensemble des ensembles à k éléments formés d'entiers entre 1 et m et, pour I dans I_k,

$$y_I^{(k)} = \sum_{i \in I} x_i .$$

Pour obtenir P_k, il suffit de prendre le produit $\prod_{I \in I_k} (X - y_I^{(k)})$ à condition que ce polynôme soit à coefficients entiers. D'après les formules de Newton, il faut donc montrer que les fonctions symétriques élémentaires des $y_I^{(k)}$ sont des entiers.

Soit F_j la j^{eme} fonction symétrique élémentaire des $y_I^{(k)}$, c'est aussi une fonction symétrique des x_i puisque, si on permute les x_i, disons $x_{\sigma(i)}$ pour σ une permutation de l'ensemble des m premiers entiers, on permute les éléments de I_k par $I \to \sigma(I)$. Comme les fonctions symétriques élémentaires des x_i sont des entiers, F_j est donc un polynôme à coefficients entiers en ces entiers, i.e. un entier.

Tout comme pour P, on peut choisir P_k sans multiplicités. Considérons maintenant

$$0 = (e^{x_1} + 1)(e^{x_2} + 1) \ldots (e^{x_m} + 1) ,$$

on peut l'écrire

$$0 = a_0 + e^{y_1} + \ldots + e^{y_r}$$

où on a en fait regroupé toutes les sommes de k x_i distincts qui sont nulles sous la dénomination a_0 et où les y_j sont les sommes non nulles. Remarquons que deux y_j peuvent parfaitement être égaux, il n'y a que les sommes nulles que l'on a regroupées. Par définition a_0 est un entier strictement positif. Les y_j sont évidemment tous racines de $P_1 P_2 \ldots P_m$ et sont donc racines d'un polynôme à coefficients entiers. On peut, comme toujours, supposer ce polynôme sans racine multiple et on peut aussi (quitte à diviser par une puissance suffisamment élevée de X) supposer que 0 n'en est pas racine. Notons R un tel polynôme.

Écrivons
$$R(X) = \sum_{j=0}^{r} b_j X^j \qquad \text{avec } b_0 b_r \neq 0$$

et introduisons, pour p premier, les fonctions polynômiales sur $\mathbb{R}$

$$R_p(t) = t^{p-1} (R(t))^p$$

$$f_p(t) = \frac{b_r^{rp-1}}{(p-1)!} R_p(t)$$

et

$$F_p(t) = f_p(t) + f_p'(t) + \ldots + f_p^{(rp+p-1)}(t) .$$

En particulier R_p est à coefficients entiers. Et $R_p^{(k)}(0)$ est égal à son k^{eme} coefficient multiplié par $k!$. Pour $k < p-1$, c'est donc nul. Pour $k = p-1$ on trouve directement $(p-1)! R(0)^p = (p-1)! b_0^p$. Pour $k > p-1$ on trouve donc un multiple entier de $p!$. Il en résulte

$$f_p^{(p-1)}(0) = b_0^p b_r^{rp-1} \qquad \text{et, pour } k \neq p-1, \quad f_p^{(k)}(0) \equiv 0 \ [p]$$

et

$$F_p(0) \equiv b_0^p b_r^{rp-1} \equiv b_0 b_r^{r-1} \ [p] .$$

On veut maintenant évaluer F_p en y_i. Puisque y_i est racine d'ordre p de R_p et f_p, on a $f_p^{(k)}(y_i) = 0$ si $k < p$. Pour $k \geq p$, notons c_j les coefficients de R_p, on a

$$R_p^{(k)}(X) = \sum_{j=0}^{rp+p-1-k} \frac{R_p^{(k+j)}(0)}{j!} X^j$$

$$R_p^{(k)}(X) = \sum_{j=0}^{rp+p-1-k} \frac{(k+j)! c_{k+j}}{j!} X^j$$

$$R_p^{(k)}(X) = \sum_{j=0}^{rp+p-1-k} k! C_{k+j}^j c_{k+j} X^j$$

$$f_p^{(k)}(X) = \sum_{j=0}^{rp+p-1-k} \frac{k!}{(p-1)!} b_r^{rp-1} C_{k+j}^j c_{k+j} X^j$$

$$f_p^{(k)}(X) = \sum_{j=0}^{rp+p-1-k} p(p+1) \ldots k \, b_r^{rp-1} C_{k+j}^j c_{k+j} X^j$$

et donc il existe un polynôme $S_{p,k}$ à coefficients entiers tel que

$$f_p^{(k)} = p b_r^{rp-1} S_{p,k}$$

et donc aussi un polynôme S_p à coefficients entiers tel que

$$F_p = \sum_{k=0}^{p-1} f_p^{(k)} + p b_r^{rp-1} S_p \ .$$

Il en résulte
$$F_p(y_i) = p b_r^{rp-1} S_p(y_i) \ .$$

Remarquons que $S_{p,k}$ est de degré $rp + p - 1 - k$ et donc que S_p est de degré inférieur ou égal à $rp - 1$. Il en résulte que $\sum_{i=1}^{r} S_p(y_i)$ est un polynôme à coefficients entiers en les fonctions symétriques élémentaires des y_i, i.e. en les b_i/b_r, de degré total inférieur à $rp - 1$. En particulier $b_r^{rp-1} \sum_{i=1}^{r} S_p(y_i)$ est entier. D'où

$$\sum_{i=1}^{r} F_p(y_i) \equiv 0 \ [p]$$

et

$$\sum_{i=1}^{r} (F_p(y_i) + e^{y_i} F_p(0)) \equiv -a_0 b_0 b_r^{r-1} \ [p] \ .$$

On en conclut que c'est un entier non nul modulo p si p est supérieur à $\max(a_0, |b_0|, |b_r|)$.

Or on a
$$\left(e^{-t} F_p(t)\right)' = e^{-t} \left(-F_p(t) + F_p'(t)\right) = -f_p(t) e^{-t}$$

et donc
$$e^{-t} F_p(t) - F_p(0) = -\int_0^t e^{-u} f_p(u) du = -t \int_0^1 e^{-ut} f_p(ut) du$$

ou encore
$$F_p(t) - e^t F_p(0) = -t \int_0^1 e^{t(1-u)} f_p(tu) du \ .$$

Il en résulte, en notant $Y = \sup_i |y_i|$,

$$\left| \sum_{i=1}^{r} (F_p(y_i) - e^{y_i} F_p(0)) \right| \leq r Y e^Y \frac{b_r^{rp-1}}{(p-1)!} Y^{p-1} \sup_{t \in [-Y;Y]} |R(t)|^p$$

et donc cette quantité tend vers 0 quand p tend vers l'infini. Mais on vient de voir que c'est un entier non nul modulo p pour tout p premier assez grand, et donc un entier non nul pour tout p premier assez grand. Cette contradiction nous assure que π est transcendant.

Exercice 7
Racines carrées de -1 dans $\mathbb{Q}_p$

1. Tout d'abord si n et m sont deux entiers naturels non nuls, on a $v_p(nm) = v_p(n) + v_p(m)$ par application directe de la définition de v_p. La même propriété reste vraie pour n et m entiers relatifs puisque la valeur absolue est multiplicative.

Si $r = q_1/q_2 = q'_1/q'_2$ est un rationnel non nul, alors $q_1 q'_2 = q_2 q'_1$ est un entier relatif non nul et donc

$$v_p(q_1) + v_p(q'_2) = v_p(q_1 q'_2) = v_p(q_2 q'_1) = v_p(q_2) + v_p(q'_1) \ .$$

D'où

$$v_p(q_1) - v_p(q_2) = v_p(q'_1) - v_p(q'_2) \ .$$

2. Comme $p^x = e^{x \log(p)}$ est toujours strictement positif, il est clair que

$$N_p(r) = 0 \Leftrightarrow r = 0 \ .$$

Si $r_1 r_2 = 0$, l'un des deux est nul et l'égalité $N_p(r_1 r_2) = N_p(r_1) N_p(r_2)$ est claire. Sinon, écrivons $r_1 = q_1/q_2$ et $r_2 = q'_1/q'_2$ avec q_1, q_2, q'_1 et q'_2 entiers relatifs non nuls. On a

$$\begin{aligned} v_p(r_1 r_2) &= v_p(q_1 q'_1) - v_p(q_2 q'_2) \\ &= v_p(q_1) + v_p(q'_1) - v_p(q_2) - v_p(q'_2) \\ &= v_p(r_1) + v_p(r_2) \end{aligned}$$

et donc

$$N_p(r_1 r_2) = N_p(r_1) N_p(r_2) \ .$$

Par définition de v_p, si n est un entier (relatif) non nul, on a $n = p^{v_p(n)} m$ avec m premier à p. En écrivant $r = q_1/q_2$, on obtient

$$r = \frac{p^{v_p(q_1)} q'_1}{p^{v_p(q_2)} q'_2} = p^{v_p(r)} \frac{q'_1}{q'_2}$$

avec q'_1 et q'_2 des entiers (relatifs) premiers à p. Écrivons donc r_1 et r_2 sous cette forme :

$$r_1 + r_2 = p^{v_p(r_1)} \frac{q_1}{q_2} + p^{v_p(r_2)} \frac{q'_1}{q'_2}$$

et notons $k = \min\{v_p(r_1), v_p(r_2)\}$. On a

$$r_1 + r_2 = p^k \frac{p^{v_p(r_1)-k} q_1 q'_2 + p^{v_p(r_2)-k} q'_1 q_2}{q_2 q'_2} \ .$$

Comme $q_2 q'_2$ est premier à p (par le lemme de Gauß, puisque q_2 et q'_2 le sont), on a $v_p(r_1 + r_2) \geq k$. En fait on a même égalité si $v_p(r_1) \neq v_p(r_2)$ puisque dans ce cas l'un des deux termes du numérateur est divisible par p et pas l'autre. En tout cas $N_p(r_1 + r_2) \leq p^{-k} = \max\{N_p(r_1), N_p(r_2)\} \leq N_p(r_1) + N_p(r_2)$.

Remarque : cette valeur absolue est connue sous le nom de valeur absolue p-adique. La propriété que nous venons de montrer, plus forte que l'inégalité triangulaire, est dite ultramétrique. Elle exprime le fait que si deux boules se rencontrent, alors l'une des deux est incluse dans l'autre ! Enfin cette valeur absolue n'est pas archimédienne et se distingue donc encore une fois de la valeur absolue usuelle.

3. Pour n et m deux entiers supérieurs à 1, on a $a_{n+m} - a_n = a_m 10^n$ et donc $v_5(a_{n+m} - a_n) = n$, soit encore $N_5(a_{n+m} - a_n) = 5^{-n}$. Il en résulte que la suite $(a_n)_{n\geq 1}$ est bien de Cauchy.

4. De plus on a $3a_n + 1 = 10^n$ et donc $a_n + 1/3 = 10^n/3$. Il en résulte
$$N_5\left(a_n + \frac{1}{3}\right) = 5^{-n}$$
et donc la suite $(a_n)_{n\geq 1}$ converge vers $-1/3$.

5. Pour n arbitrairement grand, on cherche un rationnel r tel que $N_p(r^2 + 1)$ soit inférieur à p^{-n}.

On a vu que N_p est ultramétrique. En conséquence si $N_p(r^2 + 1) < 1$, alors on doit avoir $N_p(r^2) = 1$ car sinon $N_p(r^2 + 1) = \max\{N_p(r^2), N_p(1)\} = \max\{N_p(r^2), 1\} \geq 1$. Comme N_p est multiplicative, on doit avoir $N_p(r) = 1$.

Autrement dit on doit avoir $r = q_1/q_2$ avec q_1 et q_2 premiers à p. On a alors
$$N_p(r^2 + 1) = N_p(q_1^2 + q_2^2)/N_p(q_2^2) = N_p(q_1^2 + q_2^2)$$
et donc, pour n arbitrairement grand, on cherche q_1 et q_2 tels que $v_p(q_1^2 + q_2^2) \geq n$ ou encore tels que
$$q_1^2 + q_2^2 \equiv 0 \; [p^n] \, .$$
Comme q_2 est premier à p, il l'est à p^n et on peut trouver une relation de Bézout entre eux : $aq_2 + bp^n = 1$ avec a et b entiers. On a alors
$$(aq_1)^2 + 1 \equiv (aq_1)^2 + (aq_2)^2 \equiv a^2(q_1^2 + q_2^2) \equiv 0 \; [p^n] \, .$$
Et on est donc ramené à trouver un entier q premier à p tel que
$$q^2 + 1 \equiv 0 \; [p^n] \, .$$

Le problème est donc de trouver une suite $(a_n)_{n\geq 1}$ d'entiers tels que $a_n^2 + 1 \equiv 0 \; [p^n]$.

Supposons d'abord le problème résolu pour $n = 1$ et cherchons a_2. Remarquons que $a_2^2 + 1 \equiv 0 \; [p^2]$ entraîne en particulier $a_2^2 + 1 \equiv 0 \; [p]$ et donc $a_2^2 \equiv a_1^2 \; [p]$. Quitte à changer a_2 en $-a_2$, on peut donc choisir $a_2 \equiv a_1 \; [p]$. Autrement dit on cherche a_2 sous la forme $a_1 + xp$.

On a
$$(a_1 + xp)^2 + 1 = (a_1^2 + 1) + 2a_1 xp + x^2 p^2 \equiv (a_1^2 + 1) + 2a_1 xp \ [p^2]$$
et, puisque $a_1^2 + 1$ est un entier divisible par p, on cherche donc x tel que
$$2a_1 x + \frac{a_1^2 + 1}{p} \equiv 0 \ [p] \ .$$
Ceci est évidemment possible si p est impair car $-2a_1$ est premier à p (car 2 et a_1 le sont) et admet alors un inverse modulo p (c'est la relation de Bézout), disons y et on choisit $x = y(a_1^2 + 1)/p$ ou encore $a_2 = a_1 + y(a_1^2 + 1)$.

En fait le même calcul convient pour calculer a_{n+1} en fonction de a_n. On peut encore choisir $a_{n+1} \equiv a_n \ [p^n]$ et on trouve
$$a_{n+1} = a_n + y(a_n^2 + 1) \ ,$$
où y est l'inverse de $-2a_n$ modulo p (autrement dit on a une relation de Bézout entre p et $-2a_n$ de la forme $-2a_n y + up = 1$ avec u et y entiers). Finalement on voit que si p est impair et si on peut trouver a_1 tel que $a_1^2 + 1 \equiv 0 \ [p]$ alors on peut trouver une suite de rationnels $(a_n)_{n \geq 1}$ telle que a_n^2 tende vers -1 pour N_p.

Dans le cas $p = 2$, on voit que le problème $a_2^2 + 1 \equiv 0 \ [4]$ n'a pas de solution car les carrés modulo 4 sont 0 et 1.

Il nous reste donc à voir quand on peut résoudre $x^2 + 1 \equiv 0 \ [p]$ pour p premier impair. Remarquons que le petit théorème de Fermat (ou le théorème de Wilson) entraîne que
$$1 \equiv x^{p-1} \equiv (x^2)^{(p-1)/2} \equiv (-1)^{(p-1)/2} \ [p]$$
pour tout x solution de l'équation. En conséquence l'équation n'a pas de solution quand $(p-1)/2$ est impair, ou encore lorsque p est congru à -1 modulo 4.

Si au contraire p est congru à 1 modulo 4, nous allons montrer que l'équation a une solution (en fait 2 !). L'équation $x^2 \equiv 1 \ [p]$ a au plus deux solutions modulo p, d'après le lemme de Gauß, puisque
$$x^2 - 1 \equiv (x-1)(x+1) \ [p] \ .$$
Ces solutions sont donc 1 et -1 modulo p.

Maintenant, pour tout entier x premier à p, on a $x^{p-1} \equiv 1 \ [p]$ et donc $x^{(p-1)/2}$ est de carré 1 modulo p, et est par conséquent égal soit à 1, soit à -1 modulo p. Si a est tel que $a^{(p-1)/2} \equiv 1 \ [p]$, on peut écrire la division euclidienne de $X^{(p-1)/2} - 1$ par $X - a$ dans $\mathbb{Z}[X]$
$$X^{(p-1)/2} - 1 = Q(X)(X - a) + b$$
où b est un entier et Q est un polynôme unitaire de degré $(p-3)/2$. En faisant $X = a$ dans cette égalité, il vient $p|b$ et donc

Exercice 7. Racines carrées de -1 dans $\mathbb{Q}_p$

$$X^{(p-1)/2} - 1 \equiv Q(X)(X-a) \ [p]$$

en ce sens que la congruence est vraie pour toute valeur entière de X. En particulier si $a_1, a_2, \ldots, a_{(p-1)/2}$ sont $(p-1)/2$ entiers non congrus (deux à deux) entre eux modulo p et tels que leur puissance $(p-1)/2$-ème est congrue à 1 modulo p, alors

$$X^{(p-1)/2} - 1 \equiv \prod_{i=1}^{(p-1)/2} (X - a_i) \ [p]$$

et le lemme de Gauß assure que si un entier vérifie $x^{(p-1)/2} \equiv 1 \ [p]$, alors il est congru à l'un des a_i. En conséquence l'équation $x^{(p-1)/2} \equiv 1 \ [p]$ admet au plus $(p-1)/2$ solutions modulo p. Il en est en fait de même pour l'équation $x^{(p-1)/2} \equiv -1 \ [p]$ et elles ont par conséquent chacune exactement $(p-1)/2$ solutions modulo p.

Il nous suffisait d'en avoir une pour trouver une réponse à notre problème puisque si x vérifie $x^{(p-1)/2} \equiv -1 \ [p]$ alors $y = x^{(p-1)/4}$ vérifie $y^2 \equiv -1 \ [p]$ et on peut vérifier que $-y$ est alors l'unique autre solution modulo p à la congruence $x^2 \equiv -1 \ [p]$.

En résumé on peut trouver une suite de rationnels dont le carré tend vers -1 pour N_p si et seulement si p est congru à 1 modulo 4. Il est à noter que cette suite peut être prise de Cauchy puisque nous l'avons construite vérifiant $a_{n+1} \equiv a_n \ [p^n]$ et donc $N_p(a_{n+k} - a_n) \leq p^{-n}$ pour tout couple d'entiers (n, k).

6. Il en résulte en particulier que $\mathbb{Q}$ n'est pas complet pour N_p quand p est congru à 1 modulo 4 puisqu'aucun rationnel n'est de carré -1. Si p est impair, la même méthode permet de construire une suite d'entiers dont le carré tend vers $1 - p$. On commence avec $a_1 = 1$ et $a_2 = 1 + p(p-1)/2$, puis on a $a_{n+1} = a_n + y(a_n^2 + p - 1)$ où y est l'inverse de $-2a_n$ modulo p. Enfin si $p = 2$ on doit choisir une équation de degré supérieur si on veut pouvoir appliquer la méthode précédente. On vérifie que la suite définie par $a_1 = 1$ et $a_{n+1} = a_n^3 + a_n + 3$ est telle que a_n^3 tend vers -3 pour N_2. Pour finir $\mathbb{Q}$ n'est complet pour aucune de ces valeurs absolues et, comme dans le cas de $\mathbb{R}$ et de la valeur absolue usuelle, cela donne lieu à la construction du complété de $\mathbb{Q}$ pour chaque valeur absolue $N_p : \mathbb{Q}_p$.

Commentaires. On peut montrer que les seules valeurs absolues non triviales sur $\mathbb{Q}$ sont celles que l'on a construites et celle que l'on connaît bien, à un facteur exponentiel près. Autrement dit les seules valeurs absolues sur $\mathbb{Q}$ sont $|x|^s$, pour $0 < s \leq 1$ et $a^{-v_p(x)}$ pour $a > 1$ ainsi que la valeur absolue constamment égale à 1 (pour x non nul).

La méthode de résolution d'une équation dans $\mathbb{Q}_p$ par approximations successives est connue sous le nom de « lemme de Hensel ».

Pour énoncer ce lemme, nous aurons besoin de quelques notations supplémentaires. Introduisons $\mathbb{Z}_p$ l'ensemble des entiers p-adiques, c'est par définition l'ensemble des x dans $\mathbb{Q}_p$ tels que $N_p(x) \leq 1$. On peut montrer que ce n'est rien d'autre que l'adhérence de $\mathbb{Z}$ dans $\mathbb{Q}_p$ pour la topologie induite par N_p. Autrement dit tout entier p-adique est limite d'une suite d'entiers (la limite étant prise au sens de N_p). Remarquons que tout entier peut se développer en base p sous la forme $a_0 + a_1 p + \ldots a_n p^n$ avec les a_i compris entre 0 et $p-1$. Or toute série de la forme

$$\sum_{n=0}^{+\infty} a_n p^n$$

converge pour N_p, puisqu'un paquet de Cauchy vérifie

$$N_p\left(\sum_{n=k}^{l} a_n p^n\right) \leq \max\{N_p(a_n p^n)\} \leq p^{-k}.$$

Il en résulte que $\mathbb{Z}_p$ n'est rien d'autre que l'ensemble des éléments de la forme

$$\sum_{n=0}^{+\infty} a_n p^n$$

pour des coefficients a_n tous compris entre 0 et $p-1$. On peut aussi décrire $\mathbb{Q}_p$ de cette façon, ce sont les éléments de la forme

$$\sum_{n=n_0}^{+\infty} a_n p^n$$

pour un certain n_0 dans $\mathbb{Z}$ (dépendant de x) et des a_n tous compris entre 0 et $p-1$.

L'ensemble $\mathbb{Z}_p$ est un anneau (dont le corps des fractions est $\mathbb{Q}_p$) et on peut considérer l'anneau des polynômes à coefficients dans $\mathbb{Z}_p$, noté $\mathbb{Z}_p[X]$. Si $P(X) = a_0 + a_1 X + \ldots + a_n X^n$ est un tel polynôme, on notera sa norme au sens de Gauß

$$\|P\|_{gauss} = \max_i N_p(a_i).$$

Cette norme est multiplicative, en ce sens que, si P et Q sont deux polynômes, on a

$$\|PQ\|_{gauss} = \|P\|_{gauss} \|Q\|_{gauss}.$$

Soit maintenant E_n l'ensemble des polynômes sur $\mathbb{Z}_p$ de degré strictement inférieur à n (si on prenait $\mathbb{Q}_p$ au lieu de $\mathbb{Z}_p$ ce serait un espace vectoriel de dimension n, ici on obtient l'analogue sur un anneau, i.e. un module). Si P et Q sont de degré n et m respectivement, on a une application

$$\begin{array}{rccc} \theta: & E_n \times E_m & \to & E_{n+m} \\ & (R, S) & \mapsto & PS + QR. \end{array}$$

Si on rapporte les E_n à la base canonique $(1, X, \ldots, X^{n-1})$, on note $\mathcal{R}(P, Q)$ le déterminant de l'application θ. C'est au signe près ce que l'on appelle le résultant des deux polynômes. Ce scalaire n'est en fait nul que si P et Q ont un facteur en commun.

On prend maintenant P, Q et R dans $\mathbb{Z}_p[X]$ et on suppose que QR est presque égal à P au sens suivant
- $\deg(P) = \deg(Q) + \deg(R)$
- $\deg(P - QR) < \deg(P)$ (autrement dit le coefficient dominant de QR est le même que celui de P)
- Il existe $0 < \epsilon < 1$ tel que $\|P - QR\|_{gauss} \leq \epsilon N_p\left(\mathcal{R}(Q,R)\right)^2$.

Alors on peut factoriser P par des polynômes proches de Q et R en ce sens que
- $P = \tilde{Q}\tilde{R}$
- $\deg(Q) = \deg(\tilde{Q})$ et $\deg(Q - \tilde{Q}) < \deg(Q)$
- $\deg(R) = \deg(\tilde{R})$ et $\deg(R - \tilde{R}) < \deg(R)$
- $\|Q - \tilde{Q}\|_{gauss} \leq \epsilon N_p\left(\mathcal{R}(Q,R)\right)$
- $\|R - \tilde{R}\|_{gauss} \leq \epsilon N_p\left(\mathcal{R}(Q,R)\right)$

Ce lemme n'est rien d'autre que le théorème des fonctions implicites (en plusieurs variables) appliqué à la fonction

$$(S,T) \mapsto (Q+S)(R+T) - P$$

(on aura $\tilde{Q} = Q + S$ et $\tilde{R} = R + T$) et le résultant est tout simplement le jacobien de cette transformation.

Ce lemme se spécialise en le lemme de Newton (qui est l'analogue p-adique de la méthode de Newton de résolution des équations numériques, ou méthode des tangentes). Si P prend une valeur suffisamment petite en α, alors on peut trouver une racine de P proche de α. De façon plus précise, soit P un polynôme à coefficients dans $\mathbb{Z}_p$ et α dans $\mathbb{Z}_p$ tel que

$$N_p\left(P(\alpha)\right) \leq \epsilon N_p\left(P'(\alpha)\right)^2$$

avec $0 < \epsilon < 1$, alors il existe β dans $\mathbb{Z}_p$ tel que

$$P(\beta) = 0 \quad \text{et} \quad N_p(\alpha - \beta) \leq \epsilon N_p\left(P'(\alpha)\right).$$

Pour d'autres résultats sur les nombres p-adiques, on peut regarder l'exercice 17. De nombreux livres existent sur ce sujet très riche. Pour commencer on peut lire Yvette Amice, *Les nombres p-adiques*, paru aux Presses Universitaires de France. On peut aussi consulter des livres plus spécialisés : Borevič et Safarevič, *Théorie des nombres*, paru chez Gauthier-Villars, Serre, *Corps locaux*, paru chez Hermann ou encore Weil, *Basic number theory*, paru chez Springer-Verlag.

Exercice 8
Zéros de certaines séries de Fourier

Soit $I = [a; a + 2\pi]$ un intervalle de longueur 2π fixé. Si f a $2n$ zéros sur cet intervalle, ce sera encore vrai sur n'importe quel autre intervalle de longueur 2π, par 2π-périodicité. On peut supposer que f n'est pas identiquement nulle (sinon le résultat est immédiat) et donc aussi que I a été choisi de sorte que $f(a) \neq 0$.

On va montrer qu'alors f change au moins $2n$ fois de signe sur I. Par continuité de f les points où elle change de signe sont nécessairement des zéros, le contraire n'étant pas forcément vrai. Remarquons également que, f étant périodique, elle change nécessairement de signe un nombre pair de fois entre a et $a + 2\pi$ (puisque $f(a)$ et $f(a + 2\pi) = f(a)$ sont de même signe). Aussi si f ne change pas $2n$ fois de signe, elle ne change au plus que $2n - 2$ fois de signe.

Vu les hypothèses faites sur f, elle est somme de sa série de Fourier et est orthogonale (au sens que l'intégrale sur I de fg est nulle) à tout polynôme trigonométrique de la forme

$$g(x) = a_0 + \sum_{k=1}^{n-1} (a_k \cos(kx) + b_k \sin(kx))$$

pour des réels a_k et b_k quelconques. L'idée est de montrer que l'on peut toujours trouver un polynôme trigonométrique non nul de cette forme qui change de signe en $2m$ points donnés à l'avance dans I, pourvu que m soit inférieur à $n-1$ (la parité de $2m$ est nécessaire toujours par 2π-périodicité de g).

Si tel est le cas et si f ne changeait pas $2n$ fois de signe sur I, on pourrait trouver un polynôme trigonométrique g comme précédemment qui change de signe en tout point où f change de signe. Alors la fonction fg serait continue, ne changerait pas de signe sur I et y aurait pourtant une intégrale nulle. Cette contradiction montre que f change au moins $2n$ fois de signe sur I et y a donc au moins $2n$ zéros.

Donnons-nous $2m$ points distincts de I disons $x_1, x_2, \ldots, x_{2m}$ (dont au plus un est une des bornes) et écrivons le système en $(a_k)_{0 \le k \le m}$ et $(b_k)_{1 \le k \le m}$

$$g(x_j) = a_0 + \sum_{k=1}^{m} (a_k \cos(kx_j) + b_k \sin(kx_j)) = 0 \quad \forall 1 \le j \le 2m \, .$$

Posons $c_k = (a_k - ib_k)/2$ et $c_{-k} = \overline{c_k}$ pour $1 \le k \le m$ et $c_0 = a_0$. On a alors

Exercice 8. Zéros de certaines séries de Fourier 65

$$g(x) = c_0 + \sum_{k=1}^{m} \left(c_k e^{ikx} + c_{-k} e^{-ikx} \right)$$

$$= \sum_{k=-m}^{m} c_k e^{ikx}$$

$$= e^{-imx} \sum_{k=0}^{2m} c_{k-m} e^{ikx} \ .$$

Posons $z_j = \exp(ix_j)$ et P le polynôme à coefficients complexes

$$P(X) = \sum_{k=0}^{2m} c_{k-m} X^k \ ,$$

on a

$$g(x) = e^{-imx} P(e^{ix})$$

et donc le système précédent est équivalent à

$$P(z_j) = 0 \quad \forall 1 \leq j \leq 2m \ .$$

Remarquons que $z_j = z_k$ si et seulement si $x_j - x_k \in 2\pi\mathbb{Z}$ i.e. $x_j = x_k$ puisque I est de longueur 2π et qu'au plus l'un des x_i est une des bornes. Il est donc nécessaire que P soit de la forme

$$P(X) = c \prod_{j=1}^{2m} (X - z_j) \ ,$$

la constante c étant déterminée par le fait que le coefficient dominant de P est nécessairement conjugué à son terme constant, i.e.

$$c = \bar{c} \prod_{j=1}^{2m} \overline{z_j}$$

ou encore

$$\frac{c^2}{|c|^2} = \prod_{j=1}^{2m} \overline{z_j} \ .$$

Cela étant possible puisque les z_j sont des nombres complexes de module 1.
Écrivons le développement de P :

$$P(X) = \sum_{k=0}^{2m} \alpha_{k-m} X^k \ .$$

On a $\alpha_m = \overline{\alpha_{-m}}$ et il faut montrer que α_k et α_{-k} sont bien conjugués pour tout k. Pour cela il suffit de remarquer que si

$$Q(X) = \sum_{k=0}^{2m} \overline{\alpha_{m-k}} X^k,$$

alors (en tenant compte de $z_j^{-1} = \overline{z_j}$ car ce sont des complexes de module 1)

$$Q(z_j) = \sum_{k=0}^{2m} \overline{\alpha_{m-k}} z_j^k = \sum_{k=0}^{2m} \overline{\alpha_{k-m}} z_j^{2m-k} = z_j^{2m} \overline{P(z_j)} = 0.$$

Q est donc un polynôme de degré au plus $2m$ admettant les mêmes racines que celles de P et qui a le même coefficient dominant que celui de P, on a donc $Q = P$ et donc $\alpha_{-k} = \overline{\alpha_k}$ pour tout $0 \leq k \leq m$.

Un polynôme trigonométrique g s'annulant en les x_j existe donc bien. Il reste à voir qu'il change de signe en chacun des points. Or g s'annule en x si et seulement si P s'annule en e^{ix} et, de plus,

$$g'(x) = e^{-imx} \left(-imP(e^{ix}) + ie^{ix} P'(e^{ix})\right)$$

(la quantité est en fait réelle). Donc $g(x) = g'(x) = 0$ si et seulement si $P(e^{ix}) = P'(e^{ix}) = 0$.

Les z_j sont les seules racines de P par construction et aucun n'est racine de P' car tous les z_j sont distincts deux à deux et l'exposant de $X - z_j$ dans P est donc exactement 1, exprimant que z_j n'est pas racine double de P. Il en résulte que les zéros de g sur I sont exactement les x_j et qu'en ces points g' est non nulle. L'équivalent de g au voisinage de x_j est donc $(x - x_j)g'(x_j)$ (d'après la formule de Taylor-Young par exemple) et g change de signe en x_j.

Exercice 9
Sur l'inégalité arithmético-géométrique

1. Dans le cas où $x = a$, on a

$$\begin{aligned}
I(x,x) &= \int_0^{+\infty} \frac{u}{x^2(u+1)^3} du \\
&= \frac{1}{x^2} \int_0^{+\infty} \frac{u+1-1}{(u+1)^3} du \\
&= \frac{1}{x^2} \int_0^{+\infty} \left(\frac{1}{(u+1)^2} - \frac{1}{(u+1)^3} \right) du \\
&= \frac{1}{x^2} \left(1 - \frac{1}{2} \right) \\
&= \frac{1}{2x^2}.
\end{aligned}$$

Pour calculer $I(x, a)$ dans le cas x distinct de a, il faut décomposer l'intégrand en éléments simples. Comme le degré du numérateur est strictement inférieur à celui du dénominateur, la partie entière de la fraction rationnelle est nulle et on peut donc écrire

$$\frac{u}{(u+1)(x+au)^2} = \frac{\alpha}{u+1} + \frac{\beta}{x+au} + \frac{\gamma}{(x+au)^2}$$

avec α, β et γ des réels. Les termes correspondants aux exposants maximaux de chacun des éléments simples sont immédiats à calculer :

$$\alpha = \left.\frac{u}{(x+au)^2}\right|_{u=-1} = -\frac{1}{(x-a)^2}$$

et

$$\gamma = \left.\frac{u}{u+1}\right|_{u=-x/a} = \frac{x}{x-a}.$$

Pour calculer β on a plusieurs possibilités. On peut diviser suivant les puissances croissantes de $(x + au)$ ou bien identifier etc. Le plus simple est sans doute d'utiliser la formule de Taylor. En effet, on a

$$\frac{u}{u+1} = \gamma + \beta(x+au) + O((x+au)^2)$$

et donc $a\beta$ est la dérivée de $u/(u+1)$ en $-x/a$. D'où

$$a\beta = \left.\frac{1}{(u+1)^2}\right|_{u=-\frac{x}{a}} = \frac{a^2}{(x-a)^2}$$

et

$$\beta = \frac{a}{(x-a)^2}.$$

On peut maintenant calculer une primitive de l'intégrand

$$\int \frac{u}{(u+1)(x+au)^2} du = \int \left(-\frac{1}{(x-a)^2(u+1)} + \frac{a}{(x-a)^2(x+au)} \right) du$$
$$+ \int \left(\frac{x}{(x-a)(x+au)^2} \right) du$$
$$= \frac{1}{(x-a)^2} \left(\log \left| \frac{x+au}{u+1} \right| - \frac{x(x-a)}{a(x+au)} \right)$$

d'où (la fraction rationnelle dans le logarithme est toujours positive pour u dans $\mathbb{R}^+$ puisque a et x sont strictement positifs)

$$I(x,a) = \frac{1}{(x-a)^2} \left(\log(a) - \log(x) + \frac{x-a}{a} \right) = \frac{a\log(a/x) + x - a}{a(x-a)^2}.$$

On peut récrire ce calcul, sans distinguer de cas, sous la forme

$$\log\left(\frac{a}{x}\right) = \frac{a-x}{a} + (x-a)^2 I(x,a).$$

D'où

$$\log\left(\frac{A}{G}\right) = \log(A) - \sum_{i=1}^{n} p_i \log(x_i)$$
$$= \left(\sum_{i=1}^{n} p_i \right) \log(A) - \sum_{i=1}^{n} p_i \log(x_i)$$
$$= \sum_{i=1}^{n} p_i \log\left(\frac{A}{x_i}\right)$$
$$= \sum_{i=1}^{n} p_i \left(\frac{A-x_i}{A} + (x_i - A)^2 I(x_i, A) \right)$$
$$= \frac{\left(\sum_{i=1}^{n} p_i \right) A - \sum_{i=1}^{n} (p_i x_i)}{A} + \sum_{i=1}^{n} p_i (x_i - A)^2 I(x_i, A)$$
$$= \frac{A-A}{A} + \sum_{i=1}^{n} p_i (x_i - A)^2 I(x_i, A)$$
$$= \sum_{i=1}^{n} p_i (x_i - A)^2 I(x_i, A).$$

Comme $I(x,a)$ est l'intégrale d'une fonction strictement positive, c'est une quantité strictement positive. Il en résulte que le terme de droite dans l'égalité précédente est toujours positif (donc $A \geq G$) et qu'il n'est nul que si tous les

x_i sont égaux à A. En résumé A est toujours supérieur à G et ne lui est égal que si tous les réels x_i sont égaux entre eux.

2. Remarquons que $A' = 1 - A$ puisque

$$A' = \sum_{i=1}^n p_i(1-x_i) = \left(\sum_{i=1}^n p_i\right) - A = 1 - A$$

et donc $y_i - A' = A - x_i$. Pour comparer A/G à A'/G', on compare leurs logarithmes :

$$\log\left(\frac{A}{G}\right) - \log\left(\frac{A'}{G'}\right) = \sum_{i=1}^n p_i\big((x_i - A)^2 I(x_i, A) - (y_i - A')^2 I(y_i, A')\big)$$

$$= \sum_{i=1}^n p_i (x_i - A)^2 \big(I(x_i, A) - I(1 - x_i, 1 - A)\big).$$

Or, en notant $f_{x,a}(u)$ l'intégrand de $I(x,a)$,

$$f_{x,a}(u) - f_{1-x,1-a}(u) = \frac{u}{(u+1)(x+au)^2} - \frac{u}{(u+1)(1-x+(1-a)u)^2}$$

$$= \frac{u}{u+1} \frac{(1-x+(1-a)u)^2 - (x+au)^2}{(x+au)^2(1-x+(1-a)u)^2}$$

$$= \frac{u}{u+1} \frac{(1+u)(1-2x+(1-2a)u)}{(x+au)^2(1-x+(1-a)u)^2}$$

$$= \frac{u\left[(1-2a)u + (1-2x)\right]}{(x+au)^2(1-x+(1-a)u)^2}$$

et l'intégrand est donc positif dès que x et a sont inférieurs à $1/2$. Or donc si tous les x_i sont inférieurs à $1/2$, il en est de même de leur moyenne arithmétique et l'expression précédente montre que A/G est supérieur à A'/G'. De plus il n'y a égalité que si tous les x_i sont égaux.

Commentaires. Euler a démontré de façon élémentaire et élégante l'inégalité entre moyennes arithmétique et géométrique non pondérées. Pour 2 réels, c'est l'inégalité de Cauchy-Schwartz ou une identité remarquable. On en déduit l'inégalité pour 2^n réels par récurrence. On l'applique pour n quelconque en complétant par $2^m - n$ réels tous égaux à la moyenne arithmétique des n premiers : la moyenne arithmétique ne change pas et on obtient

$$\prod_{i=1}^n x_i A^{2^m - n} \leq A^{2^m}$$

d'où

$$G^n \leq A^n.$$

Mais on peut aussi aller plus loin et introduire la moyenne d'ordre r

$$M_r(x_1,\ldots,x_n) = \left(\frac{x_1^r + \ldots + x_n^r}{n}\right)^{1/r}.$$

La moyenne géométrique correspond à $r = 0$, l'arithmétique à $r = 1$, la norme euclidienne est obtenue pour $r = 2$, la moyenne harmonique correspond à $r = -1$ etc. Par utilisation de la convexité de x^r, on prouve que, les n réels étant fixés, M_r est une fonction croissante de r et elle est même strictement croissante dès que les n réels ne sont pas identiques.

Exercice 10
Dimension de Hausdorff d'un compact de $\mathbb{R}^n$

1. Pour $0 < r < 1$ la fonction de $\mathbb{R}$ dans $\mathbb{R}_+$ qui à d associe r^d est décroissante, donc g est décroissante.

Supposons que, pour un certain d_0, on ait $g(d_0) < +\infty$. Pour d supérieur à d_0 on a

$$f(d,U) = \sum_{i \in I} r_i^d \leq \left(\sum_{i \in I} r_i^{d_0}\right) r(U)^{d-d_0}$$

et donc

$$\inf_{r(U) \leq \varepsilon} f(d,U) \leq \varepsilon^{d-d_0} \inf_{r(U) \leq \varepsilon} f(d_0,U) .$$

Il en résulte $g(d) = 0$ puisque l'infimum de $f(d_0, U)$ a une limite finie quand ε tend vers 0 et ε^{d-d_0} tend vers 0, puisque $d - d_0 > 0$.

Donc si g est finie en un point, elle est nulle après. Montrons que g est finie pour $d = n$. On munit $\mathbb{R}^n$ de la norme du sup pour laquelle les « boules » sont des cubes. Dans ce cas r^n représente tout simplement le volume euclidien du cube de côté r. Donc $f(d, U)$ est le volume total du recouvrement. Si K est un compact, il est borné et donc inclus dans un cube, disons de côté a. En découpant ce gros cube en k^n cubes (ouverts) de côtés légèrement supérieurs à a/k, par exemple de côté $(1 + 1/k)^{1/n} a/k$, on arrive à recouvrir le cube (et donc K) de sorte que $f(n, U) = (1 + 1/k)a^n$ et comme $r(U)$ tend vers 0, cela prouve que $g(n) \leq a^n < +\infty$.

De plus, pour des normes équivalentes, les boules respectives sont incluses les unes dans les autres à condition de multiplier le rayon par une constante. Soit $B(x, r)$ les boules ouvertes pour la première norme et $B'(x, r)$ celles pour la seconde norme. Il existe deux réels strictement positifs α et β tels que, pour tout point x et tout rayon r,

$$B(x, \alpha r) \subset B'(x, r) \subset B(x, \beta r) .$$

Par conséquent, si on note g et g' les fonctions correspondant à chacune des normes, on a $\alpha^d g(d) \leq g'(d) \leq \beta^d g(d)$ et donc g et g' sont nulles, finies non nulles ou infinies simultanément.

Il résulte de cette étude qu'il existe un unique d_0 tel que

1. Pour tout d strictement inférieur à d_0, $g(d) = +\infty$.
2. Pour tout d strictement supérieur à d_0, $g(d) = 0$.
3. On a $0 \leq d_0 \leq n$.

Il est à noter que la valeur de $g(d_0)$ n'est pas déterminée et peut être nulle ou infinie.

2. On se place toujours dans $\mathbb{R}^n$ muni de la norme du sup. Avec le raisonnement précédent on peut recouvrir un carré de côté a par k^2 cubes de côté $(1 + 1/k)^2 a/k$. Il en résulte que $g(2) \leq a^2$ est finie. Donc $d_0 \leq 2$. On a remarqué que la valeur de d_0 est indépendante de la norme choisie mais il est aussi invariant si on change K par une isométrie (pour une norme quelconque, par exemple par une rotation, qui est une isométrie pour la norme euclidienne). On peut donc supposer que le carré a ses côtés parallèles aux deux premiers axes de coordonnées. Dans ce cas l'intersection d'un cube de côté b (qui a aussi un diamètre b pour la norme du sup) avec le carré est un compact inclus dans le carré dont le diamètre est inférieur à b et est donc inclus dans un carré de côté b. Pour la norme euclidienne ce carré a une surface b^2 et il faut donc au moins a^2/b^2 tels carrés si on veut recouvrir totalement le carré initial (la surface euclidienne d'une réunion est inférieure à la somme des surfaces de chacun des ensembles qui la composent). On a donc

$$f(d,U) \geq a^2 b^{d-2} \quad \text{si} \quad r(U) \leq b.$$

Et donc, si $d < 2$, on a $g(d) = +\infty$. D'où $d_0 = 2$.

Le même raisonnement montre que $d_0 = 1$ pour un segment.

Passons à l'étude de l'ensemble de Cantor. On admettra ici que l'ensemble de Cantor est compact. Pour le démontrer il suffit de pratiquer une extraction diagonale de suites convergentes à partir d'une suite de points de cet ensemble, suite de points qui est donc une « suite de suites ».

On a vu qu'en fait d_0 est indépendant de n puisqu'une boule euclidienne de $\mathbb{R}^n$ coupe $\mathbb{R}^m$ suivant une boule de $\mathbb{R}^m$ (ou l'ensemble vide). On va donc supposer $n = 1$ pour simplifier les notations. On se donne un point x de K défini par une suite $(a_n)_{n \in \mathbb{N}}$. Les points définis par des suites dont les p premiers termes coïncident avec x sont à une distance majorée par

$$\sum_{n=p+1}^{\infty} 2.3^{-n} = 2 \cdot \frac{3^{-p-1}}{1 - \frac{1}{3}} = 3^{-p}.$$

Si on prend le recouvrement donné par les segments de longueur 3^{-p} et dont les extrémités inférieures sont les points dont les p premiers termes sont arbitraires et les suivants tous nuls, on a $f(d,U) = 2^p 3^{-dp}$. Il en résulte

$$d_0 \leq \frac{\log 2}{\log 3}.$$

Il faut maintenant écrire une condition de recouvrement. Notons n_k le nombre d'intervalles I de U dont les longueurs $r(I)$ vérifient $3^{-(k+1)} < r \leq 3^{-k}$. On va montrer qu'il est nécessaire que

$$\sum_{k=0}^{+\infty} n_k 2^k \geq 1$$

(on remarquera que c'est en fait une somme finie).

Pour p entier, notons I_p l'ensemble des points de la forme

ou de la forme

$$\sum_{n=1}^{p} a_n 3^{-n}$$

ou de la forme

$$\sum_{n=1}^{p} a_n 3^{-n} + \sum_{n=p+1}^{+\infty} 2.3^{-n} = 3^{-p} + \sum_{n=1}^{p} a_n 3^{-n}.$$

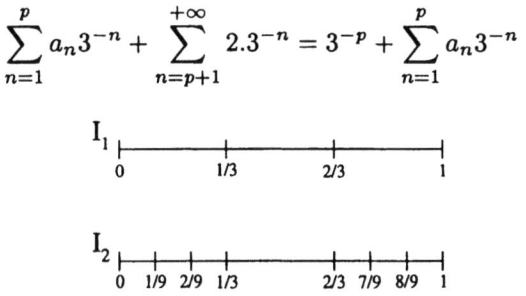

Ce sont 2^{p+1} points de K tels que la plus petite distance entre deux d'entre eux est 3^{-p}. Donc un intervalle de longueur inférieure à 3^{-p} recouvre au plus 2 de ces points.

De plus entre deux points de I_{p-1} il y a soit deux autres points de I_p, soit aucun et donc en tout au plus 4 points de I_p. Donc entre deux points de I_{p-k} il y a au plus 2^{k+1} points de I_p. Comme un intervalle de longueur inférieure à 3^{k-p} contient au plus deux points de I_{p-k}, il contient au plus 2^{k+1} points de I_p. Prenons un p tel que $r(I) > 3^{-p-1}$ pour tout I dans U. On a alors

$$\begin{aligned}
2^{p+1} &= \operatorname{Card} I_p \\
&= \operatorname{Card} (\cup_{I \in U} I \cap I_p) \\
&\leq \sum_{I \in U} \operatorname{Card} (I \cap I_p) \\
&\leq \sum_{k=0}^{p} \sum_{\substack{I \in U \\ 3^{k-p-1} < r(I) \leq 3^{k-p}}} \operatorname{Card} (I \cap I_p) \\
&\leq \sum_{k=0}^{p} \sum_{\substack{I \in U \\ 3^{k-p-1} < r(I) \leq 3^{k-p}}} 2^{k+1} \\
&\leq \sum_{k=0}^{p} n_{p-k} 2^{k+1} \\
&\leq \sum_{k=0}^{p} n_k 2^{p-k+1}
\end{aligned}$$

D'où l'assertion.

Notons q le plus petit indice tel que n_q soit non nul. Avec le calcul précédent, on déduit, pour d inférieur à $\log 2 / \log 3$,

$$f(d,U) \geq \sum_{k=0}^{+\infty} n_k 3^{-(k+1)d}$$

$$\geq \frac{1}{2} \sum_{k=0}^{+\infty} n_k 2^{-k} \exp^{(k+1)(\log 2 - d\log 3)}$$

$$\geq \frac{1}{2} \left(\sum_{k=0}^{+\infty} n_k 2^{-k} \right) \exp^{(q+1)(\log 2 - d\log 3)}$$

$$\geq \frac{1}{2} \exp^{(q+1)(\log 2 - d\log 3)} .$$

Comme q doit tendre vers l'infini quand ε tend vers 0, on en déduit que $g(d)$ est infini dès que d est strictement inférieur à $\log 2 / \log 3$. D'où $d_0 = \log 2 / \log 3$.

Commentaires. Le nombre d_0 s'appelle la dimension de Hausdorff du compact K. On a pu voir que quand le compact a un d-volume pour un entier d ($d = 0$ désigne les ensembles finis, $d = 1$ ceux qui ont une longueur finie non nulle, $d = 2$ ceux qui ont une surface finie non nulle etc.) alors $d_0 = d$. La dimension de Hausdorff généralise donc la notion intuitive de dimension en géométrie euclidienne. D'ailleurs le nombre r^d qui intervient dans $f(d,U)$ n'est rien d'autre que le d-volume de la boule de rayon r (à une constante multiplicative près).

C'est une notion importante pour l'étude des fractales. L'ensemble de Cantor fournit un exemple de mesure nulle (en ce sens qu'il peut être recouvert par des intervalles de sorte que la somme de leurs longueurs soit arbitrairement petite) qui n'est pas de dimension de Hausdorff nulle. Cet ensemble est au cœur de l'étude des ensembles de Julia et de Mandelbrot. En effet, appelons ensemble de Julia (rempli) l'ensemble des z tels que la suite donnée par $z_0 = z$ et $z_{n+1} = z_n^2 + c$ reste bornée. L'ensemble de Mandelbrot est simplement l'ensemble des c pour lesquels cet ensemble de Julia contient 0 (0 est le point où la dérivée de $z \to z^2 + c$ s'annule, i.e. le point critique de l'application itérée). Alors soit c appartient à l'ensemble de Mandelbrot et alors l'ensemble de Julia est connexe, soit il ne lui appartient pas et alors l'ensemble de Julia est homéomorphe à un ensemble de Cantor. Un dernier mot à ce sujet, c'est un fait non évident que l'ensemble de Mandelbrot est en fait connexe.

Un autre exemple de dimension de Hausdorff non entière est donné par l'étoile de Koch qui s'obtient en rajoutant à l'infini des triangles équilatéraux sur les côtés d'un triangle équilatéral. Sa dimension est $2\log(2)/\log(3)$.

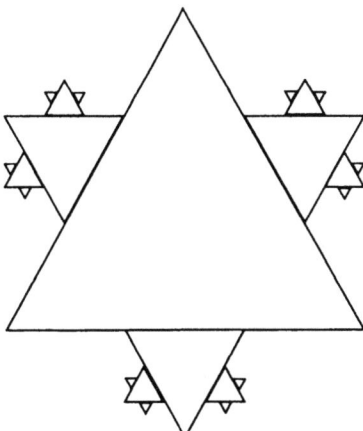

Exercice 11
Ensembles semi-algébriques

Étudions d'abord le cas de $\mathbb{R}^2$. Dans ce cas on définit

$$E = \{(x,y) \in \mathbb{R}^2 \mid x > 0 \text{ et } y > 0\}.$$

On veut alors montrer qu'il n'existe pas de polynôme P en deux variables tel que

$$E = \{(x,y) \in \mathbb{R}^2 \mid P(x,y) > 0\}.$$

Supposons donc le contraire. Comme $P(x,y)$ est strictement positif sur E il est encore positif ou nul quand x ou y s'annule et comme il ne peut plus être strictement positif (car (x,y) n'appartient pas à E), il doit donc être nul. Écrivons alors P comme polynôme en y à coefficients des polynômes en x :

$$P(x,y) = P_0(x) + yP_1(x) + \ldots + y^n P_n(x).$$

Pour $y = 0$ et $x \geq 0$ on a donc

$$P(x,y) = P_0(x) = 0.$$

Il en résulte $P_0 = 0$ et donc y divise P.

De même x divise P et on peut écrire

$$P(x,y) = x^k y^l Q(x,y),$$

avec k et l strictement positifs et Q divisible ni par x, ni par y. Autrement dit $Q(x,0)$ n'est pas identiquement nul en x et $Q(0,y)$ n'est pas identiquement nul en y.

Soit donc x_0 strictement positif tel que $Q(x_0, 0) = q_0$ est non nul. On a alors, au voisinage de $y = 0$,

$$P(x_0, y) \sim q_0 x_0^k y^l.$$

Comme (x_0, y) est dans E si et seulement si y est strictement positif, il en résulte que l doit être impair.

De même on démontre que k doit être impair. Comme alors $k+l$ est pair, on voit que le problème va se montrer en $(0,0)$. Écrivons

$$P(x,y) = x^k y^l \left(Q_0(x) + yQ_1(x) + \ldots + y^m Q_m(x)\right)$$

où Q_0 n'est donc pas identiquement nul. Soit p le plus petit indice tel que le coefficient a_p soit non nul et q le degré de Q_0. On a, pour $a > q$,

$$P(t, t^a) = t^k t^{al} \left(a_p t^p + O(t^{p+1}) + O(t^a)\right) \sim a_p t^{k+p+al}.$$

De plus (t, t^a) appartient à E si et seulement si t est strictement positif (à cause de la première coordonnée, cela est indépendant de a).

Exercice 11. Ensembles semi-algébriques

Il en résulte que a_p doit être strictement positif et surtout que $k+p+al$ doit toujours être impair, quelque soit l'entier a supérieur à q choisi. Par imparité de l, cela est bien entendu impossible puisque

$$k + p + (a+1)l = (k + p + al) + l$$

est de parité opposée à celle de $k+p+al$. Ceci fournit la contradiction cherchée.

Pour le cas de dimension supérieure, il faut faire plus attention car rien n'empêche un des polynômes d'être encore strictement positif en dehors de E, tant qu'au moins l'un d'eux ne l'est plus. Aussi on ne peut plus démontrer que x, y et z divisent tous les polynômes, mais seulement que chacun de ces monômes divise l'un des polynômes. Mais on peut tout de même généraliser l'approche de la fin de la démonstration en étudiant $P(t^a, t^b, t^c)$. Comme on a deux polynômes et trois paramètres, on peut espérer bien choisir les paramètres de sorte que les deux polynômes soient équivalents en 0 à un monôme pair, ce qui sera bien sûr une contradiction à condition que l'un des trois paramètres soit impair (de sorte que (t^a, t^b, t^c) appartienne à E si et seulement si t est strictement positif).

On veut obtenir un équivalent. Il faut donc prendre a, b et c suffisamment différents pour que les contributions se découplent. Par exemple b bien plus grand que c et a encore plus grand. Écrivons

$$P(x,y,z) = \sum_{i,j,k} a_{i,j,k} x^i y^j z^k \quad \text{et} \quad Q(x,y,z) = \sum_{i,j,k} b_{i,j,k} x^i y^j z^k \ .$$

On introduit successivement

$$i_P = \min\{i \mid \exists(j,k)\ a_{i,j,k} \neq 0\} \quad \text{et} \quad i_Q = \min\{i \mid \exists(j,k)\ b_{i,j,k} \neq 0\}\ ,$$

$$j_P = \min\{j \mid \exists k\ a_{i_P,j,k} \neq 0\} \quad \text{et} \quad j_Q = \min\{j \mid \exists k\ b_{i_Q,j,k} \neq 0\}$$

puis

$$k_P = \min\{k \mid a_{i_P,j_P,k} \neq 0\} \quad \text{et} \quad k_Q = \min\{k \mid b_{i_Q,j_Q,k} \neq 0\}\ .$$

Posons $\beta = \max(j_P, j_Q)$ et $\gamma = \max(k_P, k_Q)$.

Prenons un triplet (i,j,k) tel que $a_{i,j,k}$ soit non nul et supposons que $b > \gamma c$ et $a > \beta b + \gamma c$, on a alors deux cas possibles : soit $i > i_P$, soit $i = i_P$. Dans le premier cas, on a

$$ai+bj+ck-(ai_P+bj_P+ck_P) = a(i-i_P)+b(j-j_P)+c(k-k_P) \geq a-b\beta-c\gamma > 0\ .$$

Dans le second cas, on peut encore distinguer deux sous-cas : soit $j > j_P$, soit $j = j_P$. Dans le premier sous-cas, on a

$$ai + bj + ck - (ai_P + bj_P + ck_P) = b(j - j_P) + c(k - k_P) \geq b - c\gamma > 0\ .$$

Et dans le deuxième

$$ai + bj + ck - (ai_P + bj_P + ck_P) = c(k - k_P) \geq 0$$

avec égalité si et seulement si $k = k_P$. Il en résulte que

$$P(t^a, t^b, t^c) \sim a_{i_P, j_P, k_P} t^{ai_P + bj_P + ck_P}$$

dès que $b > \gamma c$ et $a > \beta b + \gamma c$.

La même démonstration prouve que

$$Q(t^a, t^b, t^c) \sim b_{i_Q, j_Q, k_Q} t^{ai_Q + bj_Q + ck_Q}$$

dès que $b > \gamma c$ et $a > \beta b + \gamma c$.

Il nous suffit donc de trouver un triplet d'entiers (strictement positifs) (a, b, c) tel que

1. a, b et c ne sont pas tous pairs,
2. $ai_P + bj_P + ck_P$ est pair,
3. $ai_Q + bj_Q + ck_Q$ est pair,
4. $a > b\beta + c\gamma$ et $b > c\gamma$.

La quatrième condition n'a rien à voir avec les trois premières et n'est pas gênante. En effet si (a, b, c) vérifie les trois premières conditions, alors $(a + 2(b + 2c\gamma)\beta + 2c\gamma, b + 2c\gamma, c)$ vérifie les quatre. On est donc ramené à un problème de parité et on peut se placer modulo 2. On cherche donc un triplet (x, y, z) d'entiers modulo 2 (i.e. d'éléments de $\mathbb{Z}/2\mathbb{Z}$) tels que

$$(x, y, z) \neq (0, 0, 0) \quad \text{et} \quad \begin{cases} \lambda_P x + \mu_P y + \nu_P z = 0 \\ \lambda_Q x + \mu_Q y + \nu_Q z = 0 \end{cases}$$

où les coefficients λ_P etc. sont les réductions modulo 2 des indices i_P etc.

Ce problème admet évidemment une solution puisque c'est un système de rang au plus 2 en trois variables.

Si on n'est pas convaincu par cet argument d'algèbre linéaire, on peut aussi donner une démonstration à la main. Si i_P et i_Q sont simultanément pairs, on prend a impair et les autres pairs. De même pour un autre couple d'indices. On peut donc supposer que deux indices ne sont pas simultanément pairs pour P et Q. Si maintenant i_P et j_P sont pairs, alors i_Q et j_Q sont impairs et on peut prendre a et b impairs mais c pair. De même si P ou Q fournit deux indices pairs. On peut donc supposer que P et Q ont au plus un indice pair chacun et que ce n'est pas le même. S'ils ont effectivement chacun un indice pair, on prend alors a, b et c impairs. Si aucun d'eux n'a d'indice pair, on prend a et b impair, mais c pair. Enfin si seul i_P est pair, on prend a pair et b et c impair.

Commentaires. On peut évidemment généraliser cette démonstration à la dimension quelconque. Dans $\mathbb{R}^n$ l'ensemble

$$E = \{(x_1, \ldots, x_n) \in \mathbb{R}^n \mid \forall i \ x_i > 0\}$$

ne peut se représenter avec $n-1$ inéquations polynomiales (en les n variables).

Ceci est un résultat de géométrie algébrique réelle. On peut en déduire une certaine notion de dimension d'un ensemble semi-algébrique (ensemble défini par des inéquations polynomiales) qui généralise la notion de dimension d'ensemble algébrique (ensemble défini par des équations polynomiales).

On pourra aussi se reporter à l'exercice 21 pour d'autres résultats sur les polynômes à coefficients réels (en une variable cette fois). Pour une introduction à la géométrie algébrique on pourra consulter Daniel Perrin, *Géométrie algébrique*, paru chez Interéditions ou Robin Hartshorne, *Algebraic geometry*, paru chez Springer.

Exercice 12
Coordonnées de Plücker des plans de $\mathbb{R}^4$

1. Comme la famille (u,v) est une base de E, elle est de rang 2 et donc la matrice dont les colonnes sont u et v est également de rang 2. En particulier un de ses mineurs 2 par 2 n'est pas nul. Autrement dit $A(E;b)$ est non nulle.

2. On note $b = (u,v)$ et $b' = (u',v')$. Comme ce sont deux bases de E on peut écrire u' et v' en fonction de u et v: $u' = \alpha u + \beta v$ et $v' = \gamma u + \delta v$ et $\alpha\delta - \beta\gamma = \det_b(b') \neq 0$. Par multilinéarité du déterminant, on a donc $u'_i v'_j - u'_j v'_i = \det_b(b')(u_i v_j - u_j v_i)$. D'où

$$A(E;b) = \det_b(b') A(E,b') \ .$$

3. On se donne une matrice $A = A(E;b)$ avec $b = (u,v)$ et on cherche les plans F munis d'une base b' tels que $A(F;b') = A$. Remarquons que $x \in E \Leftrightarrow (u,v,x)$ est de rang 2 ou encore tous les mineurs (trois par trois) de la matrice 4 par 3 dont les colonnes sont u, v et x sont nuls. Autrement dit, on a $a_{ij} x_k + a_{jk} x_i + a_{ki} x_j = 0$ pour tout triplet (i,j,k) d'entiers deux à deux distincts compris entre 1 et 4. Maintenant si $x \in F$, x vérifie ces équations puisque $A = A(F,b')$ et que (u',v',x) est de rang 2, donc $F \subset E$. Comme ce sont deux plans, on a donc $F = E$.

4. Si $A = A(E;b)$, A est antisymétrique par construction et on a vu qu'elle est non nulle.

Calculons Ax pour un vecteur quelconque de $\mathbb{R}^4$, de coordonnées x_i. La i^{eme} coordonnée de Ax est donc

$$\sum_{j=1}^4 a_{ij} x_j = \sum_{j=1}^4 x_j \begin{vmatrix} u_i & v_i \\ u_j & v_j \end{vmatrix} = \begin{vmatrix} u_i & v_i \\ \sum_{j=1}^4 x_j u_j & \sum_{j=1}^4 x_j v_j \end{vmatrix}$$

et est donc nulle dès que (pour le produit scalaire euclidien usuel de $\mathbb{R}^4$), on a $x.u = x.v = 0$.

On peut encore remarquer que si (u,v) est une base orthonormée de E, alors, d'après le calcul de Ax déjà effectué, on a $Au = -v$ et $Av = u$.

Le noyau de A est donc de dimension au moins 2, ou encore le rang de A est au plus 2. En particulier son déterminant est nul.

Pour la réciproque, il nous faut tout d'abord analyser un peu les matrices antisymétriques. Tout d'abord si x est un vecteur propre non nul de A pour la valeur propre λ, alors

$$^t x A x = {}^t x (Ax) = \lambda \, ^t x x = \lambda ||x||^2$$

et

$$^t x A x = (^t x A) x = -(^t x ^t A) x = -^t(Ax) x = -^t(\lambda x) x = -\lambda ||x||^2 \ .$$

Il en résulte que λ est nul. Donc les seules valeurs propres de A sont nulles (les autres racines du polynôme minimal de A sont imaginaires pures, avec le même calcul). Comme toute racine non réelle apparaît de pair avec sa complexe conjuguée, le nombre de racines non réelles est pair.

Comme on est en dimension 4, 0 est donc racine de multiplicité 0, 2 ou 4.

Soit maintenant F le sous-espace caractéristique pour A associé à 0, autrement dit le sous-espace des x tels qu'il existe un entier n tel que $A^n x = 0$. C'est évidemment un sous-espace vectoriel de $\mathbb{R}^4$ qui est stable par A. Comme $A^2 = -{}^t A A$ est symétrique réelle, elle est diagonalisable. Sur F ses valeurs propres sont forcément nulles et donc, pour tout x dans F, on a $A^2 x = 0$.

Soit x dans F et G l'espace vectoriel engendré par x et Ax. Comme $A^2 x = 0$, G est stable par A. Si G est de dimension 1, x est vecteur propre pour A et donc $Ax = 0$. Sinon soit $\mathcal{B}$ une base orthonormée de G, on peut la compléter en une base orthonormée de $\mathbb{R}^4$. Si P est la matrice de changement de base associée, l'application linéaire u associée à A admet pour matrice dans la nouvelle base
$$A' = P^{-1} A P = {}^t P A P$$
et donc
$${}^t A' = {}^t P {}^t A P = -A'.$$

Autrement dit A' est antisymétrique. Comme G est stable par A, il en résulte que la matrice de u restreinte à G est la matrice 2 par 2 extraite de A' et correspondant à $\mathcal{B}$. C'est donc aussi une matrice antisymétrique. Ses deux coefficients diagonaux sont donc nuls et, sur l'antidiagonale, on a deux coefficients opposés, disons a et $-a$. Le déterminant de cette matrice est donc a^2. Mais, comme $u^2 = 0$ sur G, son déterminant est nul. On obtient donc $a = 0$ et aussi $u = 0$ sur G. En résumé, on a montré que le sous-espace caractéristique de A associé à 0 est aussi son sous-espace propre, i.e. le noyau de A.

En particulier, si 0 est de multiplicité 4, alors A est nulle. Si donc A est de déterminant nul sans être nulle, la multiplicité de 0 est 2 et le noyau de A est aussi de dimension 2.

Donnons-nous maintenant une matrice A antisymétrique de rang 2. Soit N son noyau et E l'orthogonal de N. Montrons que E est stable par A. En effet si y appartient à E, pour tout x dans N on a
$$x.(Ay) = {}^t x A y = -{}^t(Ax) y = 0$$
et donc Ay est orthogonal à tout vecteur de N, i.e. Ay appartient à E. Soit une base orthonormée de $\mathbb{R}^4$ obtenue grâce à une base orthonormée b de E complétée par une base orthonormée de N. Dans cette base, l'endomorphisme u associé à A admet encore une matrice antisymétrique (comme on vient de le démontrer) et donc forcément de la forme
$$A' = \begin{pmatrix} 0 & -a & 0 & 0 \\ a & 0 & 0 & 0 \\ 0 & 0 & 0 & 0 \\ 0 & 0 & 0 & 0 \end{pmatrix}$$

avec a non nul (car A et donc A' ne sont pas nulles). Si P est la matrice de changement de base telle que

$$A' = {}^tPAP$$

alors

$${}^tPA(E;b)P$$

est aussi une matrice antisymétrique non nulle préservant E et s'annulant sur son orthogonal N, et donc admet la même forme. En particulier il existe un scalaire λ, non nul, tel que

$${}^tPA(E;b)P = \lambda A'$$

et donc

$$A(E;b) = \lambda A \ .$$

En changeant la base b, on multiplie $A(E;b)$ par le déterminant d'une base par rapport à l'autre. Si on multiplie par exemple le premier vecteur de la base par λ en laissant l'autre inchangé, ce déterminant est bien entendu λ. Donc il existe b' une base de E (avec b' non nécessairement orthonormée maintenant) telle que

$$A(E;b') = A \ .$$

En conclusion l'ensemble des matrices $A(E;b)$ est bien l'ensemble des matrices antisymétriques de déterminant nul mais non nulles.

Commentaires. La matrice à coefficients complexes $H = iA$ est en fait hermitienne, en ce sens qu'elle est égale à sa transconjuguée (la conjuguée complexe de sa transposée). Ces matrices, dans $\mathbb{R}^4$ ou dans un $\mathbb{R}^n$ général, jouissent des mêmes propriétés que les matrices symétriques réelles (ce sont celles qui définissent des produits hermitiens sur les espaces vectoriels complexes, les analogues des produits scalaires sur les espaces vectoriels réels). En particulier elles sont diagonalisables et toutes leurs valeurs propres sont réelles. La démonstration est d'ailleurs identique à celle pour les matrices symétriques réelles.

Il en résulte que A est diagonalisable sur $\mathbb{C}$ et a ses valeurs propres dans $i\mathbb{R}$. En utilisant cela on peut montrer que A se ramène, dans une base orthonormée bien choisie, à une matrice de la forme

$$\begin{pmatrix} 0 & & & & \\ & A_1 & & & \\ & & A_2 & & \\ & & & \ddots & \\ & & & & A_k \end{pmatrix}$$

pour des matrices A_k de la forme

$$\begin{pmatrix} 0 & -a_k \\ a_k & 0 \end{pmatrix} \ .$$

Exercice 13
Polygones à sommets entiers

Si A et B sont des points entiers la droite qui les joint a une pente rationnelle (ou infinie) et donc toute droite perpendiculaire à (AB) a une pente également rationnelle (ou infinie), car égale à l'opposé de l'inverse de la précédente. En particulier la médiatrice de (A, B) passe par un point à coordonnées rationnelles (le milieu de (A, B)) et possède donc une équation dont les coefficients sont rationnels :

$$(y_B - y_A)\left(y - \frac{y_A + y_B}{2}\right) = -(x_B - x_A)\left(x - \frac{x_A + x_B}{2}\right).$$

Le centre du polygone étant sur toutes les médiatrices de couples de sommets, il est sur celles des sommets entiers. Si A, B et C sont trois sommets entiers, (AB) et (AC) ne peuvent être parallèles et donc les médiatrices D et D' de (A, B) et (A, C) ne le sont pas non plus. Elles se coupent donc en un unique point : le centre du polygone régulier. On peut choisir des équations cartésiennes de D et D' de telle sorte que leurs coefficients soient rationnels. Le point d'intersection est alors calculé grâce aux formules de Cramer et est donc à coordonnées rationnelles.

Si on transforme la figure de départ par une homothétie de rapport entier, tous les points entiers le restent. On est donc ramené à un polygone ayant les mêmes propriétés que celui de l'énoncé et dont le centre est entier. En effectuant une translation de vecteur entier on conserve les points entiers et on peut donc supposer que le centre est l'origine.

Soit alors $G = \mathbb{Z}[i] = \{a + ib \ / \ (a, b) \in \mathbb{Z}^2\}$. On vérifie aisément que c'est un sous-anneau de $\mathbb{C}$. En particulier, il est intègre. Soit maintenant $(x, y) \in G^2$ avec y non nul. On veut trouver $(q, r) \in G^2$ tel que

$$x = qy + r \quad \text{et} \quad |r| < |y|.$$

On peut récrire l'équation sous la forme

$$\frac{x}{y} = q + \frac{r}{y} \quad \text{et} \quad \left|\frac{r}{y}\right| < 1.$$

Considérons alors le complexe $z = x/y = z_1 + iz_2$, avec z_1 et z_2 réels ; il est situé dans un carré d'éléments de G, à savoir celui formé par les points $E(z_1) + iE(z_2)$, $E(z_1) + i(1 + E(z_2))$, $1 + E(z_1) + iE(z_2)$ et $1 + E(z_1) + i(1 + E(z_2))$. Un de ces quatre points au moins est à une distance de z inférieure à $1/\sqrt{2}$ puisque c'est la moitié de la longueur d'une diagonale du carré.

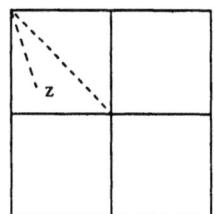

Autrement dit on peut trouver q_1 et q_2 entiers tels que $|z_1 - q_1| \leq 1/2$ et $|z_2 - q_2| \leq 1/2$ et alors $|z - (q_1 + iq_2)|^2 \leq 1/2$. On pose alors $q = q_1 + iq_2$ et $r = x - qy$, qui est bien un élément de G puisque c'est un anneau, et on a $r/y = x/y - q$ qui est bien un complexe de module strictement inférieur à 1.

On définit la notion de divisibilité dans G comme dans $\mathbb{Z}$: pour x et y dans G, x divise y s'il existe d dans G tel que $y = dx$. Il est clair que les éléments inversibles de G, i.e. les x non nuls tels que x et x^{-1} sont dans G, divisent n'importe quel élément de G. Les éléments de G ayant des modules dont le carré est un entier, ces inversibles doivent être de module 1 ; ce sont donc ± 1 et $\pm i$. Pour la même raison, si $x \in G$, x est divisible par $\pm x$ et $\pm ix$. On appelle donc « nombres indécomposables » de G les p de G qui ne sont pas inversibles et qui ne sont divisibles que par leurs huit diviseurs triviaux. Notons $\mathcal{I}$ et $\mathcal{P}$ les ensembles des inversibles et des nombres indécomposables respectivement. Nous voulons montrer l'existence d'une décomposition essentiellement unique en nombres indécomposables, à savoir

$$\forall x \in G \setminus \{0\}, \exists \epsilon \in \mathcal{I}, \exists! n \in \mathbb{N}, \exists (p_1, \ldots, p_n) \in \mathcal{P}^n \quad x = \epsilon \prod_{i=1}^{n} p_i$$

et si $x = \epsilon \prod_{i=1}^{n} p_i$ et $x = \epsilon' \prod_{i=1}^{n} p'_i$ sont deux décompositions de x en facteurs indécomposables, alors il existe une permutation σ des n premiers entiers et des inversibles $(\epsilon_1, \ldots, \epsilon_n) \in \mathcal{I}^n$ tels que $p'_{\sigma(i)} = \epsilon_i p_i$. À noter que l'unicité de n a été affirmée dès le départ et qu'on obtient les inversibles en prenant $n = 0$. Si on prenait des représentants des nombres indécomposables (i.e. un seul parmi p, $-p$, ip et $-ip$), on aurait également unicité des p_i et de ϵ.

Par définition même des nombres indécomposables, soit un nombre est indécomposable, soit il s'écrit comme produit de deux éléments de G non inversibles. Étant non inversibles leurs modules sont strictement supérieurs à 1 et par voie de conséquence inférieurs strictement à celui du nombre de départ. On en déduit facilement l'existence d'une décomposition en nombres indécomposables : notons $N(x) = |x|^2$ pour $x \in G$. Par définition de G, on a $N(x) \in \mathbb{N}$. Nous pouvons donc effectuer une récurrence sur $N(x)$. On formule donc l'hypothèse

$$(H_k) \quad \forall x \in G \setminus \{0\} \quad N(x) \leq k \Rightarrow \begin{cases} \exists \epsilon \in \mathcal{I}, \exists n \in \mathbb{N}, \exists (p_1, \ldots, p_n) \in \mathcal{P}^n \\ x = \epsilon \prod_{i=1}^{n} p_i \, . \end{cases}$$

Au rang 1, on obtient x inversible et on a bien une décomposition sous la forme $x = x$. On montre ensuite que l'hypothèse aux rangs inférieurs à m entraîne celle au rang m : si $N(x) = m$, soit x est indécomposable et on a directement une décomposition sous la forme $x = x$, soit x n'est pas indécomposable, auquel cas il s'écrit $x = dy$ avec d et y non inversibles. Mais alors $N(d) > 1$ et $N(y) > 1$ et comme $N(d)N(y) = N(dy) = N(x)$, on en déduit $N(d) < N(x)$ et $N(y) < N(x)$. On peut donc appliquer l'hypothèse de récurrence à la fois à d et y et en multipliant les décompositions respectives de d et y, on en obtient une pour x.

Passons à l'unicité.

On commence par montrer que si x et y n'ont pas de diviseurs en commun autres que les inversibles, alors il existe u et v dans G tels que $ux + vy = 1$. Montrons-le une fois encore par récurrence sur $N(x)$. Si $N(x) = 0$, c'est que $x = 0$ et donc que y est inversible. On prend donc u quelconque et $v = y^{-1}$. Si maintenant $N(x) = n$, on écrit $y = qx + r$ avec $N(r) < N(x)$. Si d divise r et x, il divise aussi $qx + r$, c'est-à-dire y et alors il divise à la fois x et y, c'est donc un inversible. Par hypothèse de récurrence il existe donc u et v dans G tels que $ur + vx = 1$. Mais alors $uy + (v - uq)x = 1$ et u et $v - qu$ sont dans G. On a même équivalence car si $ux + vy = 1$ avec u, v, x et y dans G et si d divise à la fois x et y, il divise aussi $ux + vy$ et donc 1. Donc $N(d) \leq 1$ et d est un inversible.

On déduit de cette relation de Bézout le lemme de Gauß : si p est indécomposable et si p divise un produit xy d'éléments de G alors p divise soit x, soit y. En effet on montre l'implication contraposée : si p ne divise ni x, ni y, il n'a pas de diviseur non inversible en commun ni avec x, ni avec y, par définition des nombres indécomposables. On a donc deux relations de Bézout :

$$ux + vp = 1 \quad \text{et} \quad u'y + v'p = 1$$

avec u, v, u' et v' dans G. Mais alors $uu'xy + p(u'vy + uv'x + vv'p) = 1$ et donc xy et p n'ont pas de diviseur non inversible en commun.

Pour finir on déduit du lemme de Gauß l'unicité de la décomposition en facteurs indécomposables. Par récurrence sur n, une expression du type $x = \epsilon \prod_{i=1}^{n} p_i$ n'est égale à une autre expression $y = \epsilon' \prod_{i=1}^{m} p'_i$ que si $n = m$ et il existe une permutation σ des n premiers entiers et des inversibles $(\epsilon_1, \ldots, \epsilon_n) \in \mathcal{I}^n$ tels que $p'_{\sigma(i)} = \epsilon_i p_i$. Si $n = 0$, alors x est inversible et donc $N(x) = 1$. Mais alors $N(y) = \prod_{i=1}^{m} N(p'_i) = 1$ et donc $m = 0$. Si maintenant la propriété est vraie pour les rangs inférieurs à n, comme p_n divise x, il divise y et donc, d'après le lemme de Gauß, il divise l'un des p'_i ou ϵ'. Ce dernier étant inversible, p_n ne peut le diviser. Donc p_n divise p'_k pour un certain k. Ce dernier étant indécomposable, il existe un inversible ϵ_n tel que $p'_k = \epsilon_n p_n$ et on a donc $\epsilon \prod_{i=1}^{n-1} p_i = \epsilon' \epsilon_n \prod_{i=1, i \neq k}^{m} p'_i$. Par hypothèse de récurrence on en déduit $m = n$ et le fait que les $(p_i)_{i \leq n-1}$ et les $(p'_i)_{i \neq k}$ sont égaux à une permutation près des indices et à multiplication près par des inversibles. Ceci achève de démontrer la propriété par récurrence.

On peut enfin passer aux choses sérieuses ! Si α et β sont les affixes des deux sommets entiers consécutifs, on a $\beta = \alpha e^{\pm 2i\pi/n}$ puisque le polygone est centré en l'origine. Autrement dit on obtient un sommet consécutif à un autre en appliquant à ce dernier une rotation de centre O et d'angle $\pm 2\pi/n$. On en déduit $\alpha^n = \beta^n$. Si maintenant p est un diviseur indécomposable de α, il divise aussi α^n, donc β^n et donc, d'après le lemme de Gauß, aussi β. Et même si p^k divise α, p^{kn} divise α^n et donc β^n. Par unicité de la décomposition en facteurs indécomposables, p^k divise donc β. Et réciproquement. Autrement dit, aux inversibles près, α et β ont les mêmes décompositions en facteurs indécomposables. Il en résulte qu'il existe un inversible ϵ tel que $\beta = \epsilon\alpha$. En comparant avec l'expression précédente, on en déduit que $e^{2i\pi/n}$ est un inversible de G. C'est donc que n égale 1, 2 ou 4. Comme $n \geq 3$ c'est donc que $n = 4$ et donc qu'on a affaire à un carré.

Commentaires. L'existence d'une décomposition est une simple conséquence de la définition de nombre indécomposable (ou premier). C'est l'unicité qui nécessite une propriété supplémentaire. Par exemple dans

$$\mathbb{Z}[i\sqrt{3}] = \{a + ib\sqrt{3} \mathbin{/} (a,b) \in \mathbb{Z}^2\}$$

on a $4 = 2.2 = (1 + i\sqrt{3})(1 - i\sqrt{3})$ et pourtant 2, $1 + i\sqrt{3}$ et $1 - i\sqrt{3}$ sont indécomposables et ne sont pas multiples l'un de l'autre. Pour le voir, on introduit encore la « norme » sur $\mathbb{Z}[i\sqrt{3}]$, $N(z) = |z|^2 = a^2 + 3b^2$. Les inversibles sont les éléments de norme 1, donc sont réduits à 1 et -1. De plus si z n'est pas indécomposable, $z = xy$ et $N(z) = N(x)N(y)$, donc il existe un diviseur de z de norme inférieure à $\sqrt{N(z)} = |z|$. Ici $N(2) = N(1 \pm i\sqrt{3}) = 4$ et $N(x) \leq \sqrt{4} = 2$ entraîne $N(x) = 0$ ou $N(x) = 1$ puisque 2 ne peut s'écrire sous la forme $a^2 + 3b^2$. Dans le premier cas x est nul et ne divise personne, dans le second x est un inversible. Donc 2, $1 + i\sqrt{3}$ et $1 - i\sqrt{3}$ sont indécomposables. Les seuls inversibles étant ± 1, il est clair que ces trois nombres ne sont pas multiples les uns des autres. Les anneaux qui possèdent une « division euclidienne » sont appelés anneaux euclidiens. On a démontré dans cet exercice que tout anneau euclidien est factoriel, c'est-à-dire que la propriété d'existence et d'unicité de la décomposition en facteurs premiers y est vraie. En fait tout anneau euclidien A est principal, c'est-à-dire que ses seuls idéaux (i.e. les I inclus dans A tels que pour tout (x,y) dans I^2 et tout a dans A, on a $x - y$ et ax dans I) sont de la forme

$$aA = \{ax \mathbin{/} x \in A\}.$$

Et tout anneau principal est factoriel. L'anneau G est appelé anneau des entiers de Gauß.

On trouvera d'autres applications des anneaux euclidiens dans l'exercice 1. Cette théorie, fondamentale, est développée dans tous les cours de base d'algèbre. On peut consulter Lang, *Algèbre*, paru chez Addison-Wesley, Jacobson, *Basic algebra*, paru chez Freeman ou encore le *Cours d'algèbre* de Daniel Perrin, paru aux presses de l'ENSJF.

Exercice 14
Pavages par des losanges

1.

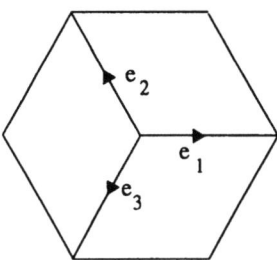

On envoie e_1 sur $(1,0)$, e_2 sur $(-1/2, \sqrt{3}/2)$ et e_3 sur $(-1/2, -\sqrt{3}/2)$. On a donc la projection

$$p : \begin{array}{ccc} \mathbb{R}^3 & \to & \mathbb{R}^2 \\ (x,y,z) & \mapsto & \left(\frac{2x-y-z}{2}, \frac{\sqrt{3}}{2}(y-z)\right) \end{array}.$$

Le noyau de cette projection est manifestement la droite d'équation $x = y = z$.

2. Montrons par récurrence sur i ($0 \leq i \leq k$) que A_i est défini de façon unique. C'est clair pour $i = 0$ puisque l'on a imposé $A = A_0$. Si A_i est défini (avec $i < k$), le point A_{i+1} doit donc vérifier $d(A_i, A_{i+1}) = 1, p(A_{i+1}) = N_{i+1}$. Cette dernière condition équivaut à $p(A_{i+1}) - p(A_i) = N_{i+1} - N_i$. Finalement, en posant $\mathbf{u_i} = \mathbf{A_i A_{i+1}}$, les deux conditions sont équivalentes à

$$\|\mathbf{u_i}\| = 1 \quad \text{et} \quad p(\mathbf{u_i}) = \mathbf{N_i N_{i+1}}.$$

Le vecteur $\mathbf{N_i N_{i+1}}$ est par hypothèse l'un des « vecteurs de base » du pavage triangulaire, autrement dit c'est $(\cos(a\theta), \sin(a\theta))$ pour un entier a compris entre 0 et 5, avec $\theta = \pi/3$.

Comme $\mathbf{u_i}$ doit avoir ses coordonnées entières (puisque A_i et A_{i+1} doivent appartenir à $\mathbb{Z}^3$) et être de norme 1, c'est au signe près un des vecteurs de la base canonique. Il y a donc 6 possibilités et chacun d'eux se projette sur l'un des 6 vecteurs de base du pavage triangulaire. Pour a variant de 0 à 5 (dans les notations précédentes), l'unique antécédent est respectivement $e_1, -e_3, e_2,$ $-e_1, e_3$ et $-e_2$.

Remarquons que les vecteurs $\mathbf{u_i}$ ne dépendent que des N_i et pas de A_0. En particulier leur somme, qui est aussi $\mathbf{A_0 A_k}$, est indépendante du choix de A. Et il en est donc de même pour $d_\gamma(M, N)$.

Par contre on peut aller de l'origine à $(1,0)$ soit directement ($\mathbf{u_0} = e_1$ et $d_\gamma = 1$), soit en passant par $(1/2, \sqrt{3}/2)$ ($\mathbf{u_0} = -e_3$, $\mathbf{u_1} = -e_2$ et $d_\gamma = -2$) et donc $d_\gamma(M, N)$ dépend de γ. Par contre, comme le noyau de la projection est $\mathbb{Z}(e_1 + e_2 + e_3)$, tous les $d_\gamma(M, N)$ possibles sont congrus entre eux (deux à deux) modulo 3.

3. Remarquons que la condition de fermeture ($A_0 = A_n$) est exactement la condition d'indépendance du sens de parcours pour d_Π, ou encore d'indépendance de M_0 pour δ, ou encore d'antisymétrie pour δ.

Remarquons également qu'une arête d'un triangle intérieur à Π appartient à au plus deux triangles et qu'elle est sur le bord (i.e. appartient à Π) si et seulement si elle n'appartient qu'à un seul triangle.

Montrons tout d'abord que la condition est nécessaire. On va le faire par récurrence sur le nombre de losanges qui interviennent. Si $m = 1$ la condition de fermeture est claire puisque

$$\mathbf{M_0 M_1} = -\mathbf{M_2 M_3} \Rightarrow \mathbf{A_0 A_1} = -\mathbf{A_2 A_3}$$

et

$$\mathbf{M_1 M_2} = -\mathbf{M_3 M_4} \Rightarrow \mathbf{A_1 A_2} = -\mathbf{A_3 A_4}$$

et donc

$$\mathbf{A_0 A_4} = \sum_{i=0}^{3} \mathbf{A_i A_{i+1}} = 0$$

i.e. $A_4 = A_0$.

Remarquons que si un chemin γ liant M à N vérifie $d_\gamma(M, N) \leq 2$, alors tout chemin γ' qui lie M à N et qui monte toujours vérifie $d_{\gamma'}(M, N) \geq d_\gamma(M, N)$ puisque ces deux quantités sont congrues modulo 3. Dans un losange, entre deux sommets A et B, il y a au plus deux arêtes et donc, pour tout chemin « le plus court » tracé sur les côtés du losange les liant, la distance suivant γ est (en valeur absolue) inférieure à 2. D'après la condition de fermeture d_Π est indépendant du sens de parcours et donc, pour un losange élémentaire

$$|d_\Pi(A, B)| \leq 2 \ .$$

La condition de majoration est donc vérifiée, d'après la remarque précédente.

Montrons maintenant que si un contour fermé Π est pavable par $m + 1$ losanges, les deux conditions sont encore vérifiées, pour peu que cela soit vrai pour un nombre strictement inférieur de losanges.

Isolons un des losanges de sorte qu'en l'ôtant on obtienne encore un contour fermé Π' (i.e. un losange sur le bord). Comme une arête ne peut appartenir à plus de deux losanges, si une arête du $m+1^{eme}$ losange appartient à un losange pavant Π', elle n'appartient qu'à un seul de ces losanges et donc elle se trouve sur le bord de Π', i.e. elle appartient au contour Π'. On peut donc ranger les côtés du $m+1^{eme}$ losange en deux groupes : ceux qui appartiennent au contour Π' et ceux qui appartiennent au contour Π. En passant de Π' à Π, le vecteur $\mathbf{A_0 A_n}$ se voit retrancher la somme des vecteurs associés aux arêtes sur Π' et rajouter la somme des vecteurs associés aux arêtes sur Π. De plus si une arête était sur le contour Π' son orientation est opposée sur Π' et sur le losange rajouté. En conséquence le vecteur $\mathbf{A_0 A_n}$ se voit rajouter la somme des vecteurs associés aux arêtes du losange (avec une orientation fixée). Cette somme est nulle. Donc si $A_n = A_0$ sur Π', il en est de même sur Π.

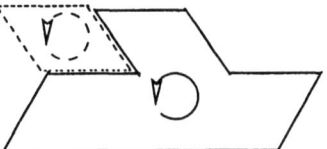

Soit maintenant γ un chemin joignant deux points de Π, disons M et N. On suppose qu'il monte toujours et qu'il est tracé à l'intérieur de Π. Quitte à le remplacer par un chemin de moindre longueur, on peut supposer qu'il ne passe jamais deux fois par un même point du réseau.

On peut le découper en morceaux $(\gamma_i)_{0 \leq i \leq q}$ tous tracés soit à l'intérieur de Π', soit à l'intérieur du losange rajouté. Les points de jonctions étant à l'intersection de ces deux intérieurs, ce sont des points de Π'. Remarquons que le losange rajouté contient au moins un point qui n'est pas sur Π' (du moins on peut le choisir ainsi, par exemple en prenant un losange contenant un point « extrémal » de Π) et donc au moins deux arêtes qui ne sont pas tracées sur Π'. Il en résulte qu'il y a au plus un point de Π' qui n'appartient pas à Π.

Appelons N_i et N_{i+1} les extrémités (ordonnées) de γ_i. Si ces deux points sont également sur Π, la distance de N_i à N_{i+1} suivant Π est aussi celle suivant le losange (si γ_i est tracé sur le losange) ou celle suivant Π' (si γ_i est tracé à l'intérieur de Π'). En effet ces distances sont indépendantes du sens de parcours et il existe un chemin tracé sur Π soit grâce à des arêtes du losange, soit grâce à des arêtes de Π' et qui joint N_i à N_{i+1}. En conséquence, par hypothèse de récurrence (appliquée à Π' et au losange), on a

$$d_\Pi(N_i, N_{i+1}) \leq d_\gamma(N_i, N_{i+1}) .$$

Il y a au plus un point N_j qui n'est pas sur Π (avec $0 < j \leq q$ puisque $N_0 = M$ et $N_{q+1} = N$ sont sur Π) et donc au plus deux chemins (γ_{j-1} et γ_j) pour lesquels le raisonnement précédent ne s'applique pas. Supposons que l'on soit dans ce cas défavorable. Pour simplifier on va supposer que γ_{j-1} est tracé dans le losange et γ_j dans Π' (l'autre cas possible s'obtient en échangeant j et $j-1$ et en changeant quelques sens de parcours).

Comme le losange ne comporte (dans ce cas) qu'un seul point appartenant à Π mais pas à Π', on peut supposer que le découpage a été fait de sorte que le chemin tracé dans le losange n'a qu'une seule arête. On a donc

$$d_\gamma(N_{j-1}, N_{j+1}) = d_\gamma(N_{j-1}, N_j) + d_\gamma(N_j, N_{j+1}) = 1 + d_\gamma(N_j, N_{j+1}) .$$

Pour évaluer la distance selon Π, introduisons N' un troisième point du losange, c'est donc un point de $\Pi \cap \Pi'$ à une distance ± 1 de N_j. Le triangle $N_{j-1} N_j N'$ est donc un triangle élémentaire tracé à l'intérieur du losange.

Comme l'arête $N_{j-1}N_j$ monte, les deux arêtes $N_{j-1}N'$ et $N'N_j$ descendent. On a donc

$$d_\Pi(N_{j-1}, N_{j+1}) = d_\Pi(N_{j-1}, N') + d_\Pi(N', N_{j+1}) = -1 + d_\Pi(N', N_{j+1}) \ .$$

Comme Π' est pavable par des losanges, l'arête $N'N_j$, étant une arête de Π', appartient à un losange de Π' et il existe donc un chemin de N' à N_j tracé dans Π' et qui monte toujours. On peut choisir ce chemin de longueur 2 puisque l'arête directe $N'N_j$ descend (et est donc de longueur -1). Si on poursuit ce chemin par γ_j, on obtient un chemin qui monte toujours, tracé dans Π' et qui joint N' à N_{j+1}. Il en résulte

$$d_{\Pi'}(N', N_{j+1}) \leq 2 + d_\gamma(N_j, N_{j+1}) \ .$$

Puisque N' et N_{j+1} sont aussi sur Π, qu'il existe un chemin tracé sur Π les joignant et évitant le losange (i.e. tracé à la fois sur Π et sur Π') et que la distance sur Π ne dépend pas du sens de parcours choisi, on a aussi

$$d_\Pi(N', N_{j+1}) \leq 2 + d_\gamma(N_j, N_{j+1}) \ .$$

Donc

$$\begin{aligned} d_\Pi(N_{j-1}, N_{j+1}) &= -1 + d_\Pi(N', N_{j+1}) \\ &\leq 1 + d_\gamma(N_j, N_{j+1}) \\ &\leq d_\gamma(N_{j-1}, N_{j+1}) \ . \end{aligned}$$

Il en résulte

$$\begin{aligned} d_\Pi(M, N) &= \sum_{i \neq j, j-1} d_\Pi(N_i, N_{i+1}) + d_\Pi(N_{j-1}, N_{j+1}) \\ &\leq \sum_{i \neq j, j-1} d_\gamma(N_i, N_{i+1}) + d_\gamma(N_{j-1}, N_{j+1}) \\ &\leq d_\gamma(M, N) \ . \end{aligned}$$

Montrons la réciproque. Notons $d(M, N)$ le minimum des $d_\gamma(M, N)$ pour γ tracé à l'intérieur de Π et qui monte toujours. La fonction d vérifie l'inégalité triangulaire puisqu'un chemin qui monte toujours et lie N à P mis au bout d'un autre chemin qui monte toujours et lie M à N donne un chemin qui monte toujours et lie M à P :

$$d(M, P) \leq d(M, N) + d(N, P) \ .$$

L'hypothèse faite sur δ peut se traduire, pour tout couple (M, N) de points de Π, par

$$\delta(M, N) \leq d(M, N) \ .$$

Pour N un point intérieur au contour Π, introduisons sa « hauteur » relative à Π et M_0

$$h(N) = \min_{0 \le i \le n} \left(d_\Pi(M_0, M_i) + d(M_i, N) \right) .$$

Montrons d'abord que $h(M_i) = d_\Pi(M_0, M_i)$ pour tout point M_i du contour. En effet

$$h(M_i) \le d_\Pi(M_0, M_i) + d(M_i, M_i) = d_\Pi(M_0, M_i) ,$$

par définition de h. Et, par hypothèse sur δ, on a, pour tout point M_j du contour,

$$d_\Pi(M_0, M_i) = d_\Pi(M_0, M_j) + \delta(M_j, M_i) \le d_\Pi(M_0, M_j) + d(M_j, M_i)$$

et donc

$$d_\Pi(M_0, M_i) \le h(M_i) .$$

D'où le résultat.

Soit maintenant M et N deux points intérieurs à Π ; pour tout point M_i du contour, on a

$$h(M) \le d_\Pi(M_0, M_i) + d(M_i, M) \le (d_\Pi(M_0, M_i) + d(M_i, N)) + d(N, M)$$

et donc, en passant au minimum sur M_i,

$$h(M) \le h(N) + d(N, M) .$$

Autrement dit, en posant pour tout point intérieur au contour,

$$\delta(N, M) = h(M) - h(N)$$

(ce qui est compatible avec la définition de δ sur Π puisque $h(M)$ y est égal à $d_\Pi(M_0, M)$), on a

$$\delta(N, M) \le d(N, M) .$$

Soit maintenant $A_1 A_2 A_3$ un triangle élémentaire intérieur à Π. Comme toute arête est de longueur 1, on a $d(A_i, A_j) \le 2$ pour tout $1 \le i, j \le 3$. Donc c'est encore vrai pour $\delta(A_i, A_j)$.

Remarquons également que $h(M)$ est la distance suivant un certain chemin qui lie M_0 à M. Sa classe modulo 3 est donc indépendante du chemin choisi et, de même, $\delta(N, M)$ a une classe modulo 3 égale à celle de n'importe quel chemin joignant N à M. Aussi, dans un triangle, les classes modulo 3 des hauteurs des sommets sont toutes distinctes. Soit donc A le sommet de hauteur minimale h, B le second, de hauteur h', et C celui de plus grande hauteur, disons h''. On a donc

$$h < h' < h'' = h + (h'' - h) \le h + d(A, C) \le h + 2$$

et il en résulte $h' = h + 1$ et $h'' = h + 2$. En particulier, dans tout triangle il existe un unique couple de sommets (A, C) tels que $\delta(A, C) = 2$.

Remarquons que l'arête AC ne peut être sur le contour Π. En effet on aurait alors

$$\delta(A,C) = d_\Pi(M_0, C) - d_\Pi(M_0, A) = \pm 1$$

puisque A et C seraient deux points consécutifs du contour. En résumé, pour tout triangle élémentaire à l'intérieur de Π, il existe une unique arête AC telle que $\delta(A, C) = 2$ et cette arête appartient à exactement deux triangles élémentaires. Donc, si on retire cette arête pour former un losange avec les deux triangles qui ont cette arête en commun, on obtient un pavage de l'intérieur de Π par des losanges.

Commentaires. Cette étude est tirée des travaux de John Conway. On pourra la compléter par la lecture de William Thurston, *On Conway tiling groups*, paru dans l'American Mathematical Monthly en 1990.

Exercice 15
Porisme de Steiner

1. L'équation générale d'un cercle-droite est

$$(CD)_{a,b,c,d} \ : \ a(x^2 + y^2) + 2bx + 2cy + d = 0$$

avec $(a, b, c) \neq (0, 0, 0)$ et, dans le cas a non nul, $b^2 + c^2 - ad > 0$. En effet si a est non nul on obtient tous les cercles pour b, c et d quelconques soumis à la dernière condition (qui exprime que le rayon est bien défini). Et si a est nul, on obtient toutes les droites en faisant varier b, c et d de sorte que (b, c) soit distinct de $(0, 0)$. Remarquons que cette forme générale est indépendante du repère orthonormé choisi.

2. On se place dans un repère centré en A. Les cercles-droites sont donnés par l'équation précédente et si $M = (x, y)$ on a

$$\iota_C(M) = \left(\frac{k^2 x}{x^2 + y^2}, \frac{k^2 y}{x^2 + y^2} \right).$$

Notons x' et y' les coordonnées de $\iota_C(M)$. D'après la propriété sur les distances de l'inversion, on a $((x')^2 + (y')^2).(x^2 + y^2) = k^4$. On a donc (pour M distinct de A)

$$\begin{aligned} M \in (CD)_{a,b,c,d} &\Leftrightarrow a(x^2 + y^2) + 2bx + 2cy + d = 0 \\ &\Leftrightarrow a + 2b\frac{x}{x^2+y^2} + 2c\frac{y}{x^2+y^2} + d\frac{1}{x^2+y^2} = 0 \\ &\Leftrightarrow a + 2\frac{b}{k^2}x' + 2\frac{c}{k^2}y' + \frac{d}{k^4}((x')^2 + (y')^2) = 0 \\ &\Leftrightarrow \iota_C(M) \in (CD)_{d, k^2 b, k^2 c, k^4 a} \end{aligned}$$

Il faut encore voir que $(d, k^2 b, k^2 c)$ ne peut pas être nul. En effet dans ce cas on aurait a non nul (car (a, b, c) est non nul) mais pas $b^2 + c^2 - ad > 0$. Si d n'est pas nul on doit également vérifier $k^2(b^2 + c^2) - k^2 ad > 0$. Si a est nul alors (b, c) est non nul et la relation est clairement satisfaite. Si a est non nul cela provient de la même relation pour le cercle de départ.

3. Si le repère est centré en le centre d'inversion, le centre du cercle image de $(CD)_{a,b,c,d}$ admet pour coordonnées $(-k^2 b/d, -k^2 c/d)$ (en supposant bien sûr d non nul afin d'avoir effectivement un cercle et non une droite). On voit donc que k ne joue aucun rôle sur la concentricité éventuelle des 2 cercles images. On voit aussi que le centre du cercle image est aligné avec le centre du cercle de départ et le centre d'inversion puisqu'ils sont tous sur la droite de vecteur directeur (b, c). Aussi pour qu'une inversion envoie deux cercles sur des cercles concentriques, il est nécessaire que son centre d'inversion soit sur la droite joignant les centres des deux cercles.

On veut donc trouver un repère où C_1 et C_2 ont pour équations

$$x^2 + y^2 + 2b_1 x + 2c_1 y + d_1 \quad \text{et} \quad x^2 + y^2 + 2b_2 x + 2c_2 y + d_2$$

avec $b_1/d_1 = b_2/d_2$ et $c_1/d_1 = c_2/d_2$. On se place dans un repère arbitraire tel que l'axe des abscisses soit la droite qui joint les deux centres. Autrement dit un repère dans lequel $c_1 = c_2 = 0$.

Par changement de repère (en gardant la contrainte sur l'axe des abscisses) les coefficients des équations sont changés en

$$b_i \mapsto b_i + \alpha \quad \text{et} \quad d_i \mapsto d_i + \alpha^2 + 2\alpha b_i ,$$

c_i restant évidemment nul. On cherche donc α tel que (avec des constantes b_1 et b_2 données par le repère initial) :

$$\frac{b_1 + \alpha}{\alpha^2 + 2\alpha b_1 + d_1} = \frac{b_2 + \alpha}{\alpha^2 + 2\alpha b_2 + d_2}$$

soit

$$\alpha^2(b_2 - b_1) + \alpha(d_2 - d_1) + b_1 d_2 - b_2 d_1 = 0 .$$

Si $b_1 = b_2$ et $d_1 = d_2$, les deux cercles sont identiques, ce qui était exclu. Si $b_1 = b_2$ mais $d_1 \neq d_2$, les deux cercles sont déjà concentriques et une inversion de centre leur centre commun convient ($\alpha = -b_1 = -b_2$). Si maintenant $b_1 \neq b_2$ (i.e. les deux cercles ne sont pas concentriques au départ), on a une équation de degré deux, de discriminant

$$(d_2 - d_1)^2 - 4(b_2 - b_1)(b_1 d_2 - b_2 d_1) .$$

Après un calcul un peu long et en utilisant $d_i = b_i^2 - R_i^2$ (où R_i est le rayon du cercle C_i), on trouve pour ce discriminant l'expression

$$\bigl((b_1 - b_2)^2 - (R_1 - R_2)^2\bigr) \cdot \bigl((b_1 - b_2)^2 - (R_1 + R_2)^2\bigr) .$$

La quantité $|b_1 - b_2|$ n'est rien d'autre que la distance δ entre les deux centres des cercles. Pour qu'on puisse trouver α il faut et il suffit que le discriminant soit positif, c'est-à-dire que δ ne doit pas être compris entre $|R_1 - R_2|$ et $R_1 + R_2$. Autrement dit il ne faut pas que les cercles soient sécants, ce qui est bien l'hypothèse faite.

4. La chaîne est déterminée par le cercle C_0 qui est lui-même déterminé par un point de C (vu comme le point de tangence entre C_0 et C). On veut donc voir que la condition de fermeture et la période éventuelle sont indépendantes du point de C choisi. Introduisons l'inversion qui envoie C et C' sur deux cercles concentriques. La condition de tangence entre deux cercles (ou entre une droite et un cercle) est très simple : c'est dire qu'il n'y a qu'un seul point d'intersection. L'inversion étant bijective, elle conserve la tangence puisqu'elle conserve le cardinal de l'intersection. Comme elle préserve les cercles-droites, elle envoie tout cercle de la chaîne de cercles sur un cercle-droite tangent aux images des deux cercles. Comme ils sont concentriques, une même droite ne peut leur être tangente (une droite est tangente à un cercle si la distance du centre du cercle à la droite est exactement le rayon du cercle; donc si le centre est le même mais pas le rayon, une droite est tangente à au plus l'un des cercles). Donc la chaîne de cercles est envoyée sur une chaîne de cercles semblable. Néanmoins maintenant la figure obtenue est invariante par rotation et les différentes chaînes sont images les unes des autres par une rotation. En particulier elles se referment et ont une période donnée de façon indépendante du point de départ. Ce qui est vrai pour les images doit être vrai pour les antécédents (par bijectivité) et on aboutit bien à l'indépendance désirée.

Remarque : c'est cette indépendance que l'on nomme « porisme » même si le terme n'est plus très usité. On pourra consulter le problème d'écrit donné dans ce recueil pour un autre porisme, bien plus célèbre, le porisme de Poncelet.

Exercice 16
Densité des points rationnels d'une sphère

On s'intéresse d'abord à la dimension 2. On étudie donc un cercle dans le plan euclidien habituel d'équation

$$x^2 + y^2 = n$$

pour un entier naturel non nul n. On veut évidemment utiliser la densité de $\mathbb{Q}$ dans $\mathbb{R}$ ou de $\mathbb{Q}^2$ dans $\mathbb{R}^2$. Cette dernière propriété est peu utile puisqu'on veut se restreindre à un cercle qui est un fermé de $\mathbb{R}^2$ et d'intérieur vide qui plus est. (Si on avait eu affaire à un ouvert la propriété de densité se serait transmise automatiquement et plus généralement si cela avait été un ensemble inclus dans l'adhérence de son intérieur.)

On va commencer par $n = 1$. Le cercle est de dimension 1 (dans un sens intuitif) et on devrait pouvoir utiliser la densité au niveau des abscisses curvilignes. Néanmoins il y a *a priori* une différence entre la rationalité du paramètre et celle du point que ce paramètre décrit. Par exemple si on utilise la paramétrisation

$$M(t) = (x(t), y(t)) = (\cos(t), \sin(t)) \quad \text{pour } t \in [0; 2\pi[$$

le fait que t soit rationnel ne garantit pas que $M(t)$ le soit (en fait cela garantit plutôt le contraire!) et trouver les t tels que $M(t)$ est rationnel et prouver que ces t sont denses dans $[0; 2\pi[$ semble également une tâche ardue.

On a donc envie d'utiliser une autre paramétrisation comme celle par la tangente de l'angle moitié

$$M(t) = \left(\frac{1-t^2}{1+t^2}, \frac{2t}{1+t^2}\right) \quad \text{pour } t \in \mathbb{R}.$$

Cette paramétrisation a l'inconvénient de ne pas représenter le point $(-1, 0)$ qui correspond en fait à t infini. Mais par contre si t est rationnel, les deux coordonnées de $M(t)$ le sont aussi. Comme $t \mapsto (x(t), y(t))$ est continu, la densité de $\mathbb{Q}$ dans $\mathbb{R}$ montre que les points de la forme $M(t)$ avec t rationnel sont denses *dans l'image de* $t \mapsto M(t)$. Cette dernière image étant en fait dense dans le cercle, on en conclut que les $M(t)$ avec t rationnel sont denses dans le cercle unité.

Quand on passe à $n = 2$, notre paramétrisation tombe à nouveau en défaut. En effet on a alors

$$M(t) = \left(\sqrt{2}\frac{1-t^2}{1+t^2}, \frac{2\sqrt{2}t}{1+t^2}\right) \quad \text{pour } t \in \mathbb{R}.$$

Et cette fois-ci pour t rationnel, $M(t)$ n'est pas rationnel. Et si on essaie avec $\sqrt{2}t$ rationnel, alors t^2 est rationnel et $x(t)$ n'est pas rationnel. Il nous faut donc comprendre géométriquement la paramétrisation du cercle unité que l'on a étudiée précédemment.

La paramétrisation par cos et sin revient à se donner un angle en le point O centre du cercle. Du point de vue de la rationnalité le centre ne nous est pas d'une grande utilité. On passe alors en l'angle moitié. Cet angle moitié, comme on le sait bien, est l'angle de la même corde mais vue d'un point du cercle.

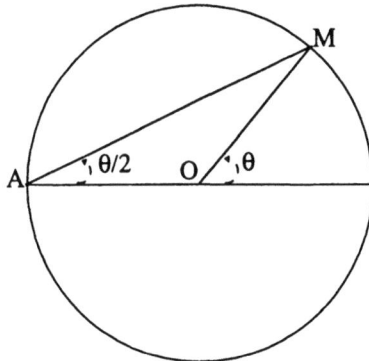

La tangente de l'angle moitié représente donc la pente d'une droite passant par un point du cercle. Si on met l'angle à 0 sur l'axe des x et qu'on prend comme origine du plan le point $(-1, 0)$ (qui, lui, appartient au cercle), la paramétrisation par l'angle moitié n'est donc rien d'autre que la paramétrisation des droites passant par l'origine par leur pente, sachant que chacune de ces droites coupe le cercle en un point et un seul, hormis l'origine. Il faut exclure de cela la tangente au cercle en l'origine qui se trouve être la droite verticale, i.e. de pente infinie. Vérifions cela : une droite D_t passant par $(-1, 0)$ et de pente t admet pour points les

$$(-1 + x; 0 + tx) \quad x \in \mathbb{R}$$

et ce point est sur le cercle si et seulement si

$$(x - 1)^2 + (tx)^2 = 1 \quad \text{i.e.} \quad \left((t^2 + 1)x - 2\right) x = 0$$

et donc on a $x = 0$ ou $x = 2/(1 + t^2)$. Ce deuxième point admet pour coordonnées

$$(x - 1, tx) = \left(\frac{2}{1 + t^2} - 1, \frac{2t}{1 + t^2}\right) = \left(\frac{1 - t^2}{1 + t^2}, \frac{2t}{1 + t^2}\right).$$

Ce qui ne fonctionne plus pour le cercle de rayon $\sqrt{2}$ est donc que le point $(-\sqrt{2}, 0)$ appartient bien au cercle **mais n'est pas rationnel.**

Montrons donc que, si M est un point rationnel du cercle, de coordonnées (a, b), la droite de pente t recoupe en général le cercle en autre point et que

ce point est rationnel dès que t l'est. En effet un point de cette droite a pour coordonnées
$$(a+x, b+tx) \quad \text{pour } x \in \mathbb{R}$$
et il appartient au cercle (pour n général) si et seulement si
$$\begin{aligned} 0 &= (a+x)^2 + (b+tx)^2 - n \\ &= (a^2 + b^2 - n) + x(2a + 2tb) + x^2(1+t^2) \\ &= x\left(x(1+t^2) + 2(a+tb)\right) . \end{aligned}$$

On obtient donc un autre point du cercle pour $x = -2(a+tb)/(1+t^2)$ et donc on trouve un point $M(t)$ en

$$(a+x, b+tx) = \left(\frac{a(t^2-1) - 2tb}{1+t^2}, \frac{b(1-t^2) - 2at}{1+t^2}\right)$$

qui est bien rationnel dès que t l'est. Soit M' le point du cercle tel que (MM') soit verticale ($M = M'$ si cette droite est la tangente au cercle en M). Alors, hormis M', tous les points du cercle sont obtenus par cette méthode (avec t réel) puisque si N appartient au cercle et si t est la pente (finie) de la droite (MN), N est obtenu pour le paramètre t. Autrement dit le cercle est exactement l'ensemble des points $M(t)$ pour t réel, auxquels on rajoute M'. En fait M' n'est rien d'autre que $M(\infty)$ i.e. $M' = (a, -b)$ (il est évident que, le cercle étant invariant par la symétrie d'axe (Ox), $(a, -b)$ est l'unique point du cercle qui a même abscisse que M).

Pour finir on a donc démontré que si on pouvait trouver *un* point rationnel M sur le cercle, alors les points rationnels du cercle sont denses dans le cercle.

Cette méthode se généralise instantanément à la dimension 3 en paramétrant les droites non pas par un paramètre (la pente t), mais par deux paramètres. On note $D_{t,u}$ l'ensemble des points de la forme $(a+x, b+tx, c+ux)$ pour x réel (et $M = (a, b, c)$ un point rationnel de la sphère). Pour t et u rationnels le deuxième point d'intersection de $D_{t,u}$ avec la sphère est aussi rationnel. Et ces points sont denses parmi tous les points que l'on peut obtenir en faisant varier t et u dans $\mathbb{R}$. Ces derniers sont tous les points de la sphère sauf au plus un cercle (l'intersection de la sphère avec le plan $X = a$, c'est-à-dire le cercle $X = a$ et $Y^2 + Z^2 = b^2 + c^2 = n - a^2$) et donc ils sont denses dans la sphère.

En résumé on a la propriété de densité si et seulement si la sphère de rayon $\sqrt{n}$ contient un point rationnel.

Commentaires. On peut expliciter un peu plus cette dernière condition, mais cela met en jeu de l'arithmétique. On va le faire dans le cas du cercle car cela reste encore élémentaire. On se demande donc si n s'écrit $n = a^2 + b^2$ avec a et b rationnels. La première remarque est que cette condition est multiplicative. C'est loin d'être évident mais cela découle de l'égalité $\cos^2 + \sin^2 = 1$ ou encore (dans $\mathbb{R}^2$)

Exercice 16. Densité des points rationnels d'une sphère

$$||u||^2 ||v||^2 = |u.v|^2 + |\det(u,v)|^2$$

puisque le cosinus de l'angle entre deux vecteurs est donné par le rapport du produit scalaire et du produit des normes, tandis que le sinus est (au signe près, selon l'orientation choisie du plan) le rapport du déterminant et du produit des normes. Si on prend des coordonnées cela donne

$$(a^2+b^2).(c^2+d^2) = (ac+bd)^2 + (ad-bc)^2 \;,$$

identité connue sous le nom d'identité de Lagrange. Et donc si n est somme de deux carrés de rationnels ($n = a^2 + b^2$) de même que m ($m = c^2 + d^2$), alors nm a aussi cette propriété.

Prenons un n quelconque, on peut l'écrire comme produit de nombres premiers p_i tous distincts et à des puissances r_i entières non nulles. Comme n est somme de deux carrés si et seulement si n/p^2 a la même propriété (pour un entier p quelconque), on voit qu'on peut se ramener à $r_i = 1$, i.e. n est produit de nombres premiers tous distincts. Dans ce cas écrivons $n = a^2 + b^2$ et multiplions par le dénominateur commun : on obtient

$$x^2 + y^2 = nz^2$$

avec x, y et z entiers premiers dans leur ensemble. Si un nombre premier p divise n, il ne peut diviser ni x ni y. En effet, dans le cas contraire, p diviserait à la fois x^2 ou y^2 et nz^2. Donc il diviserait x^2 et y^2 et donc x et y. Mais alors p^2 diviserait $x^2 + y^2$, donc aussi nz^2. Mais p^2 ne divise pas n et p ne peut diviser z car sinon p diviserait x, y et z. Donc, si p divise n, on a $x^2 + y^2 \equiv 0 \; [p]$ avec x et y non nuls modulo p.

Comme x est non nul modulo p, il est inversible (puisque p est premier) et on obtient

$$u^2 \equiv -1 \; [p]$$

pour un certain entier u (avec $xu \equiv y \; [p]$). Autrement dit -1 est un carré modulo p.

Cherchons d'abord les p tels que -1 soit un carré modulo p. Nous supposerons p impair puisque pour $p = 2$, -1 est aussi 1 et est manifestement un carré. Le théorème de Wilson (qui se trouve aussi être le théorème de Lagrange dans ce cas) montre que, pour tout x non nul modulo p, on a

$$x^{p-1} \equiv 1 \; [p] \;.$$

Si y est le carré de x on a (puisque $p-1$ est pair)

$$y^{(p-1)/2} = x^{p-1} \equiv 1 \; [p] \;.$$

En conséquence tout carré qui n'est pas nul modulo p vérifie la congruence $y^{(p-1)/2} \equiv 1 \; [p]$. Réciproquement l'anneau de congruence modulo p est un corps puisque p est premier et donc une équation de degré $(p-1)/2$ a au plus $(p-1)/2$ solutions modulo p. Or on a $x^2 = y^2$ si et seulement si $x \equiv \pm y \; [p]$

et donc les $p-1$ entiers non nuls modulo p donnent naissance (par élévation au carré) à $(p-1)/2$ carrés distincts. Comme la congruence précédente avait au plus $(p-1)/2$ solutions et que les carrés en étaient solutions, c'est que les solutions de cette congruence sont exactement les carrés (non nuls) modulo p.

Remarque : on a donc exactement $(p+1)/2$ carrés modulo p en comptant la classe de 0.

Il résulte de cette discussion que -1 est un carré si et seulement si

$$(-1)^{(p-1)/2} \equiv 1 \; [p] \, .$$

Et donc, finalement, si et seulement si $(p-1)/2$ est pair ou encore $p \equiv 1 \; [4]$.

On a donc montré que si n est somme de deux carrés de rationnels alors les nombres premiers qui interviennent dans la décomposition de n avec un exposant impair sont tous soit pairs, soit congrus à 1 modulo 4. Pour montrer la réciproque il nous suffit, d'après la propriété de multiplicativité, de montrer que tout nombre premier p congru à 1 modulo 4 est bien somme de deux carrés.

Nous allons le montrer par récurrence sur le nombre premier p. Le premier nombre concerné est 5 qui est bien somme de deux carrés de rationnels car $5 = 4 + 1$.

Puisque -1 est un carré modulo p, il existe un entier x tel que $x^2+1 \equiv 0 \; [p]$ et donc il existe aussi un entier y tel que $x^2+1 = py$. Remarquons que l'on peut choisir x tel que $0 < x \leq (p-1)/2$ et donc on a $x^2+1 \leq (p-1)^2/4 + 1 < p^2/4$. Donc on aura $0 < y < p/2$. On décompose y en facteurs premiers $y = \prod_i p_i^{r_i}$ avec $p_i \leq y < p/2$. On sait que $py = x^2 + 1$ est somme de deux carrés de nombres rationnels, il en est donc de même pour py/q^2 pour tout entier q non nul. On se ramène donc au cas où tous les r_i valent 1. Donc, d'après ce qui précède, tous les p_i sont soit pairs, soit congrus à 1 modulo 4 puisqu'ils interviennent avec un exposant impair dans la décomposition de py qui est somme de deux carrés de rationnels. Par hypothèse de récurrence chacun des p_i est donc somme de deux carrés de rationnels, et donc aussi y par multiplicativité. Maintenant si $y = a^2 + b^2$, on a

$$\frac{1}{y} = \frac{1}{a^2+b^2} = \frac{a^2}{(a^2+b^2)^2} + \frac{b^2}{(a^2+b^2)^2}$$

et donc $1/y$ est aussi somme de deux carrés de rationnels. Donc, par multiplicativité $py.1/y = p$ l'est aussi. Ce qui achève de démontrer la propriété par récurrence.

On trouvera d'autres développements liés à cette question des carrés modulo p dans les exercices 7 et 19. Et pour approfondir le tout on pourra feuilleter Hardy and Wright, *Introduction to the theory of numbers*, paru chez Clarendon press.

Exercice 17
Principe d'approximation forte

1. Tout d'abord si n et m sont deux entiers naturels non nuls, on a $v_p(nm) = v_p(n) + v_p(m)$ par application directe de la définition de v_p. La même propriété reste vraie pour n et m entiers relatifs puisque la valeur absolue est multiplicative.

Si $r = q_1/q_2 = q'_1/q'_2$ un rationnel non nul, alors $q_1 q'_2 = q_2 q'_1$ est un entier relatif non nul et donc

$$v_p(q_1) + v_p(q'_2) = v_p(q_1 q'_2) = v_p(q_2 q'_1) = v_p(q_2) + v_p(q'_1) \ .$$

D'où

$$v_p(q_1) - v_p(q_2) = v_p(q'_1) - v_p(q'_2) \ .$$

2. Comme $p^x = e^{x \log(p)}$ est toujours strictement positif, il est clair que

$$d_p(r_1, r_2) = 0 \Leftrightarrow r_1 = r_2 \ .$$

L'égalité $d_p(r_1, r_2) = d_p(r_2, r_1)$ résulte immédiatement de $v_p(x) = v_p(-x)$ pour tout entier x.

Par définition de v_p, si n est un entier (relatif) non nul, on a $n = p^{v_p(n)} m$ avec m premier à p. En écrivant $r = q_1/q_2$, on obtient

$$r = \frac{p^{v_p(q_1)} q'_1}{p^{v_p(q_2)} q'_2} = p^{v_p(r)} \frac{q'_1}{q'_2}$$

avec q'_1 et q'_2 des entiers (relatifs) premiers à p. Écrivons donc $r_2 - r_1$ et $r_3 - r_2$ sous cette forme :

$$r_3 - r_1 = p^{v_p(r_2 - r_1)} \frac{q_1}{q_2} + p^{v_p(r_3 - r_2)} \frac{q'_1}{q'_2}$$

et notons $k = \min\{v_p(r_2 - r_1), v_p(r_3 - r_2)\}$. On a

$$r_3 - r_1 = p^k \frac{p^{v_p(r_2 - r_1) - k} q_1 q'_2 + p^{v_p(r_3 - r_2) - k} q'_1 q_2}{q_2 q'_2} \ .$$

Comme $q_2 q'_2$ est premier à p (par le lemme de Gauß, puisque q_2 et q'_2 le sont), on a $v_p(r_3 - r_1) \geq k$. En fait on a même égalité si $v_p(r_2 - r_1) \neq v_p(r_3 - r_2)$ puisque dans ce cas l'un des deux termes du numérateur est divisible par p et pas l'autre. En tout cas on a

$$d_p(r_1, r_3) \leq p^{-k} = \max\{d_p(r_1, r_2), d_p(r_2, r_3)\} \leq d_p(r_1, r_2) + d_p(r_2, r_3) \ .$$

Cette distance est connue sous le nom de distance p-adique. La propriété que nous venons de montrer, plus forte que l'inégalité triangulaire, est dite ultramétrique. Elle exprime le fait que si deux boules se rencontrent, alors l'une des deux est incluse dans l'autre !

3. Si $r = 0$ ou si $r_1 = r_2$, l'égalité $d_p(rr_1, rr_2) = N_p(r)d_p(r_1, r_2)$ est claire. Sinon, écrivons $r = q_1/q_2$ et $r_2 - r_1 = q_1'/q_2'$ avec q_1, q_2, q_1' et q_2' entiers relatifs. On a

$$\begin{aligned} v_p(rr_2 - rr_1) &= v_p(q_1 q_1') - v_p(q_2 q_2') \\ &= v_p(q_1) + v_p(q_1') - v_p(q_2) - v_p(q_2') \\ &= v_p(r) + v_p(r_2 - r_1) \end{aligned}$$

et donc $d_p(rr_1, rr_2) = N_p(r)d_p(r_1, r_2)$.

4. Supposons le problème résolu pour $x = e_i$, le i^{eme} vecteur de la base canonique de $\mathbb{Q}^{n+1}$ et soit $x = \sum_{i=0}^{n} x_i e_i$. Pour $0 \leq i \leq n$ choisissons r_i tel que

$$d(\Delta(r_i), e_i) \leq \frac{\epsilon}{(n+1)M}$$

avec $M = \max\{|x_i|, N_{p_j}(x_i) \,/\, 0 \leq i \leq n, \quad 1 \leq j \leq n\}$ et évaluons

$$\begin{aligned} d\left(\Delta\left(\sum_{i=0}^{n} x_i r_i\right), x\right) &= \left|\sum_{i=0}^{n} x_i r_i - x_0\right| + \sum_{j=1}^{n} d_{p_j}\left(\sum_{i=0}^{n} x_i r_i, x_j\right) \\ &= \left|\sum_{i=0}^{n} x_i r_i - x_0\right| + \\ &\quad \sum_{j=1}^{n} N_{p_j}\left(x_j(r_j - 1) + \sum_{i \neq j} x_i r_i\right) \\ &\leq |x_0(r_0 - 1)| + \sum_{i=1}^{n} N_{p_i}(x_0 r_0) + \\ &\quad \sum_{j=1}^{n} \left(|x_j r_j| + N_{p_j}(x_j(r_j - 1)) + \sum_{i \neq j} N_{p_i}(x_j r_j)\right) \\ &\leq M\left(|r_0 - 1| + \sum_{j=1}^{n} N_{p_j}(x_0)\right) + \\ &\quad \sum_{j=1}^{n} M\left(|r_j| + N_{p_j}(r_j - 1) + \sum_{i \neq j} N_{p_i}(x_j)\right) \\ &\leq M \sum_{i=0}^{n} d(\Delta(r_i), e_i) \\ &\leq \epsilon. \end{aligned}$$

Il en résulte que $\Delta(\mathbb{Q})$ est dense dans $\mathbb{Q}^{n+1}$ pour la topologie induite par d.
Il nous reste donc à approcher les vecteurs de la base canonique.

Pour $i = 0$, on prend r_0 de la forme

$$r_0 = \frac{(p_1 \ldots p_n)^k}{(p_1 \ldots p_n)^k + 1}$$

et alors

$$|r_0 - 1| = \frac{1}{1 + (p_1 \ldots p_n)^k} \quad \text{et} \quad d_{p_j}(r_0, 0) = p_j^{-k} .$$

Donc, pour k suffisamment grand, on a bien $d(\Delta(r_0), e_0)$ arbitrairement petit.

Pour $i > 0$, écrivons une relation de Bézout entre p_i^k et $\prod_{j=1, j \neq i}^{n} p_j^k$, pour un k fixé, soit

$$u_k p_i^k + v_k \prod_{j=1, j \neq i}^{n} p_j^k = 1$$

avec u_k et v_k entiers. Posons

$$r_i = \frac{1 - u_k p_i^k}{1 + (p_1 \ldots p_n)^m}$$

pour k et m des entiers. Pour $j \neq 0$, le dénominateur de r_i est premier à p_j et donc

$$N_{p_j}(r_i) = N_{p_j}(1 - u_k p_i^k) = N_{p_j}(v_k \prod_{l=1, l \neq i}^{n} p_l^k)$$

et donc, si $j \neq i$, on a

$$d_{p_j}(r_i, 0) = N_{p_j}(r_i) \leq N_{p_j}(p_j^k) = p_j^{-k}$$

et ceci est indépendant de m. Pour $j = i$, on a

$$\begin{aligned}
d_{p_i}(r_i, 1) &\leq d_{p_i}(r_i, 1 - u_k p_i^k) + d_{p_i}(1 - u_k p_i^k, 1) \\
&\leq N_{p_i}(1 - u_k p_i^k) d_{p_i}\left(\frac{1}{1 + (p_1 \ldots p_n)^m}, 1\right) + N_{p_i}(u_k p_i^k) \\
&\leq d_{p_i}\left(\frac{1}{1 + (p_1 \ldots p_n)^m}, 1\right) + p_i^{-k} \\
&\leq N_{p_i}\left(\frac{(p_1 \ldots p_n)^m}{1 + (p_1 \ldots p_n)^m}\right) + p_i^{-k} \\
&\leq p_i^{-m} + p_i^{-k} .
\end{aligned}$$

Enfin, pour $j = 0$, on a $|r_i|$ arbitrairement petit si on fait varier m, k étant fixé. En conclusion en choisissant k, puis m, on a bien $d(\Delta(r_i), e_i)$ arbitrairement petit.

Remarque : dans la relation de Bézout on peut contrôler $|u_k|$ et $|v_k|$ et obtenir $|r_i| \leq (p_1 \ldots p_n)^{k-m}$.

Commentaires. L'exercice 7 sur les racines carrées de -1 dans $\mathbb{Q}_p$ traite également de la distance p-adique. On pourra en consulter la bibliographie.

La valeur absolue p-adique permet de construire un complété de $\mathbb{Q}$, noté $\mathbb{Q}_p$, tout comme on le fait pour $\mathbb{R}$ à partir de $\mathbb{Q}$ et de la valeur absolue usuelle. De la sorte on a en fait obtenu toutes les valeurs absolues sur $\mathbb{Q}$ (à un facteur exponentiel près) et on peut mélanger tous les complétés de $\mathbb{Q}$ en introduisant l'anneau des adèles de $\mathbb{Q}$. On note $\mathbb{Z}_p$ l'ensemble des éléments de $\mathbb{Q}_p$ tels que $N_p(x) \leq 1$ et $\mathbb{A}$ l'anneau des adèles de $\mathbb{Q}$, produit restreint des $\mathbb{Q}_p$ relativement aux $\mathbb{Z}_p$. C'est-à-dire, par définition, qu'un adèle est un élément

$$x = (x_v) \in \mathbb{R} \times \prod_p \mathbb{Q}_p$$

où v est soit l'infini ($x_\infty \in \mathbb{R}$) soit un nombre premier p ($x_p \in \mathbb{Q}_p$). On dit que v est une place de $\mathbb{Q}$. Le produit est restreint en ce sens que l'on impose que tous les x_p soient en fait dans $\mathbb{Z}_p$ sauf peut-être pour un nombre fini de p.

Cette condition est là pour assurer que $\mathbb{A}$ reste localement compact. Le principe d'approximation forte est très général et celui que l'on vient de démontrer peut être reformulé en disant que $\mathbb{R}.\mathbb{Q}$ est dense dans $\mathbb{A}$; le produit $\mathbb{R}.\mathbb{Q}$ est tout simplement l'ensemble des éléments de $\mathbb{A}$ qui s'écrivent comme produit d'un élément de $\mathbb{R}$ (i.e. $x_p = 1$ pour tout nombre premier p) et d'un élément de $\mathbb{Q}$ (i.e. $x_v = x$ est un même rationnel pour toute place v).

Plus généralement si on se donne un ensemble fini S de places de $\mathbb{Q}$ et G un groupe linéaire algébrique (comme le groupe linéaire $GL(n)$, le groupe spécial linéaire $SL(n)$, le groupe orthogonal $O(n)$ etc. ce sont des groupes de matrices), on peut se demander si $G(\mathbb{A}_S).G(\mathbb{Q})$ est dense dans $G(\mathbb{A})$ où $G(\mathbb{A})$ est l'ensemble des matrices dans G à coefficients dans $\mathbb{A}$, de même pour $G(\mathbb{Q})$ et $G(\mathbb{A}_S)$, $\mathbb{A}_S$ désignant l'ensemble des éléments tels que $x_v = 1$ pour v en dehors de S.

Par exemple ce résultat est vrai pour $G = SL(n)$ dès que S contient l'infini, mais il est toujours faux pour $G = GL(n)$. Pour un exposé sur les adèles on pourra feuilleter André Weil, *Basic number theory*, paru chez Springer-Verlag.

Exercice 18
Autour du théorème de Weierstraß-Stone

Si I contient un entier, disons m, les fonctions polynomiales sur I à coefficients entiers ne sont pas denses dans $C^0(I,\mathbb{R})$; en effet si $P \in \mathbb{Z}[X]$, on a $P(m) \in \mathbb{Z}$ et il est donc impossible d'approcher uniformément une fonction qui n'est pas entière en m, par exemple la fonction constante égale à $1/2$.

On étudie donc un intervalle I ne rencontrant pas $\mathbb{Z}$. Par connexité de I, cet intervalle est compris dans un intervalle $]m, m+1[$, pour $m \in \mathbb{Z}$.

On commence par envoyer I dans $[a, 1/2]$ avec $0 < a < 1/2$ par une fonction polynomiale à coefficients entiers et ainsi se ramener au cas $I = [a, 1/2]$. Pour cela il suffit de prendre

$$P(x) = \frac{1}{2} - 2\left(x - \frac{2m+1}{2}\right)^2 = 2(x-m)(m+1-x).$$

Le maximum de ce trinôme est atteint en $m + 1/2$ et vaut $1/2$; son minimum est atteint en m et $m+1$ et on a $P(m) = P(m+1) = 0$. Il en résulte

$$P(]m; m+1[) = \left]0; \frac{1}{2}\right].$$

Comme P est continu et I est compact, $J = P(I)$ doit être compact et donc

$$J = P(I) = [a; b] \qquad \text{avec } 0 < a \leq b \leq \frac{1}{2}.$$

Soit $I' = [a, 1/2]$, on va itérer une fonction polynomiale Q ayant $1/2$ comme unique point fixe sur I' et préservant I'. Si on demande que $|Q''|$ soit minoré par une quantité strictement positive, la méthode de Newton assure qu'il y a convergence uniforme de $Q \circ Q \circ \ldots \circ Q$ vers l'unique point fixe de Q, à savoir $1/2$.

En particulier si Q est un trinôme du second degré, l'assertion sur Q'' est immédiate car Q'' est constant. Si on rajoute $x < Q(x) \leq 1/2$ sur $]0; 1/2[$, alors I' sera préservé et $1/2$ l'unique point fixe.

On peut prendre

$$Q(x) = x + (1-2x)x = \frac{1}{2} - 2\left(x - \frac{1}{2}\right)^2.$$

De la première expression on déduit $Q(x) > x$ sur $]0, 1/2[$ et $Q(1/2) = 1/2$. De la seconde on déduit $Q(x) \leq 1/2$ sur $[0, 1/2]$.

Par conséquent $Q^{\circ n} = Q \circ Q \circ \ldots \circ Q$ converge uniformément vers $1/2$ sur I' et aussi, a fortiori, sur J ; donc $Q^{\circ n} \circ P$ converge uniformément vers $1/2$ sur I, par uniforme continuité de P.

On note $(P_n)_{n \in \mathbb{N}}$ une suite de fonctions polynomiales à coefficients entiers convergeant uniformément sur I vers la fonction constante égale à $1/2$. Soit

$p \in \mathbb{Z}$ et $q \in \mathbb{N}$, la suite $(p(P_n)^q)_{n \in \mathbb{N}}$ est une suite de fonctions polynomiales à coefficients entiers sur I convergeant uniformément vers $p/2^q$ par continuité de la fonction $x \mapsto px^q$ en $1/2$. Si t est un réel quelconque, on peut construire une suite $(p_k/2^{q_k})_{k \in \mathbb{N}}$, avec $p_k \in \mathbb{Z}$ et $q_k \in \mathbb{N}$, convergeant vers t. Alors $p_k(P_{n_k})^{q_k}$ converge uniformément vers t sur I, pour n_k choisi par exemple tel que

$$\|P_{n_k} - \frac{1}{2}\| \leq \frac{1}{2(2k|p_k| + 1)},$$

où $\|f\|$ désigne la norme $\sup_{x \in I} |f(x)|$ pour $f \in \mathcal{C}(I, \mathbb{R})$. En effet on a alors

$$\left\|P_{n_k} - \frac{1}{2}\right\| \leq \frac{1}{2} \quad \text{et donc} \quad \|P_{n_k}\| \leq 1.$$

D'où

$$\left\|P_{n_k}^{q_k} - \frac{1}{2^{q_k}}\right\| \leq \left\|P_{n_k} - \frac{1}{2}\right\| \cdot \left\|P_{n_k}^{q_k-1} + \ldots + \frac{1}{2^{q_k-1}}\right\|$$

$$\leq \left\|P_{n_k} - \frac{1}{2}\right\| \cdot \left(\|P_{n_k}\|^{q_k-1} + \ldots + \frac{1}{2^{q_k-1}}\right)$$

$$\leq \left\|P_{n_k} - \frac{1}{2}\right\| \cdot \left(1 + \ldots + \frac{1}{2^{q_k-1}}\right)$$

$$\leq 2\left\|P_{n_k} - \frac{1}{2}\right\|$$

$$\left\|p_k P_{n_k}^{q_k} - \frac{p_k}{2^{q_k}}\right\| \leq 2|p_k|\left\|P_{n_k} - \frac{1}{2}\right\|$$

et donc, pour $k > 0$, on a

$$\left\|p_k P_{n_k}^{q_k} - \frac{p_k}{2^{q_k}}\right\| \leq \frac{1}{2k}.$$

On a donc réussi à approcher uniformément toutes les fonctions constantes sur I.

Soit maintenant f une fonction continue quelconque sur I et P_n une suite de fonctions polynomiales à coefficients réels convergeant uniformément vers f sur I (ce qui est possible d'après l'énoncé). On écrit P_n sous sa forme canonique $P_n = \sum_{i=0}^{k_n} a_{i,n} X^i$. Soit maintenant des polynômes à coefficients entiers $Q_{i,n}$ tels que

$$\|Q_{i,n} - a_{i,n}\| \leq \frac{1}{n(k_n + 1)(1 + |m|)^{k_n}}$$

(où m désigne toujours l'entier tel que $I \subset]m; m+1[$) et

$$R_n(X) = \sum_{i=0}^{k_n} Q_{i,n}(X) X^i.$$

R est bien un polynôme à coefficients entiers et on a

$$\begin{aligned} \|R_n - f\| &\leq \|R_n - P_n\| + \|P_n - f\| \\ &\leq \sum_{i=0}^{k_n} \|Q_{n,i} - a_{n,i}\|.\|X^i\| + \|P_n - f\| \\ &\leq \frac{1}{n} + \|f - P_n\|. \end{aligned}$$

Il en résulte que R_n converge uniformément vers f sur I. Autrement dit l'ensemble des fonctions polynomiales à coefficients entiers sur I est dense dans $\mathcal{C}(I, \mathbb{R})$ pour la norme de la convergence uniforme.

Remarque : on peut se demander ce qu'il se passe si on demande aux fonctions continues d'être à valeurs entières sur les entiers puisque cela semble être l'unique obstruction à la densité quand I est quelconque. C'est un fait particulièrement subtil et ardu que, si la longueur de l'intervalle est inférieure à 4, c'est vrai, mais que c'est faux sinon.

Commentaires. Rappelons le théorème de Weierstraß-Stone dans sa généralité. On se donne X un espace topologique compact (on pourra se contenter des compacts de $\mathbb{R}^n$ si l'on veut), $\mathcal{C}(X, \mathbb{R})$ l'espace vectoriel des fonctions continues sur X, A une sous-algèbre de $\mathcal{C}(X, \mathbb{R})$. On suppose que

1. A contient les fonctions constantes.
2. A sépare les points de X, i.e. pour tout couple (x, y) de points de X, on peut trouver f dans A telle que $f(x) \neq f(y)$.

Alors A est dense dans $\mathcal{C}(X, \mathbb{R})$ pour la norme de la convergence uniforme, i.e.

$$\forall g \in \mathcal{C}(X, \mathbb{R}) \quad \forall \epsilon \in \mathbb{R}_+^* \quad \exists f \in A \quad \sup_{x \in X} |f(x) - g(x)| \leq \epsilon.$$

On peut évidemment prendre pour A l'algèbre des polynômes sur un intervalle compact X de $\mathbb{R}$.

On va en fait montrer qu'on peut approcher le sup ou l'inf de deux fonctions de A. Pour cela, il nous suffira d'approcher la valeur absolue d'une fonction de A et, comme $|t| = \sqrt{t^2}$, il nous faut juste approcher la fonction racine carrée par des polynômes.

On vérifie aisément que la suite de polynômes sans terme constant, définie par la relation de récurrence sur n (sur $I = [0; 1]$)

- $P_0 = 0$
- $P_{n+1}(t) = P_n(t) - \frac{1}{2}(t - P_n(t)^2)$

est une suite croissante et converge uniformément vers son unique limite possible : $\sqrt{t}$ (pour t dans $[0; 1]$).

On peut donc approcher uniformément $|t|$ par des polynômes sur $[-1; 1]$, puisqu'il suffit de considérer $t \to P_n(t^2)$ qui est bien un polynôme en t.

Par homothétie et translation de la variable, on peut approcher $|t|$ sur tout intervalle compact de $\mathbb{R}$ et donc, *a fortiori*, sur tout compact de $\mathbb{R}$.

Soit maintenant f dans A, alors $f(X)$ est un compact de $\mathbb{R}$. On peut donc trouver Q_n une suite de polynômes approchant uniformément $|t|$ sur $f(X)$. Alors pour tout f dans A, $Q_n \circ f$ est une somme de produits de fonctions dans A (car A contient les constantes) et donc appartient à A (car A est une algèbre). Comme $Q_n \circ f$ converge uniformément vers $|f|$ sur X, on a donc prouvé que l'adhérence de A contient $|f|$. Si f et g sont deux fonctions dans A, on a

$$\sup(f,g) = \frac{1}{2}(f + g + |f - g|) \quad \text{et} \quad \inf(f,g) = \frac{1}{2}(f + g - |f - g|)$$

(où ces égalités entre fonctions sont par définition des égalités en tout point x de X). Comme A contient $f+g$, $f-g$ et $1/2$, il en résulte que l'adhérence de A contient le sup et l'inf de deux fonctions de A et donc aussi de l'adhérence de A. Elle contient aussi le sup et l'inf d'un nombre fini de fonctions de l'adhérence de A, par récurrence.

Remarquons également que si A sépare les points, alors pour tout couple (x, y) de points distincts de X et tout couple de scalaires (α, β), on peut trouver f dans A telle que $f(x) = \alpha$ et $f(y) = \beta$. En effet soit g séparant x et y, alors

$$f = \alpha + (\beta - \alpha)\frac{g - g(x)}{g(y) - g(x)}$$

appartient à A (car A est une algèbre et contient les constantes) et a la bonne propriété.

Soit maintenant ϵ un réel strictement positif et f une fonction continue sur X. On veut trouver g dans A (ou dans son adhérence) tel que $|f(x) - g(x)| < \epsilon$ pour tout x dans X.

Pour x dans X fixé, on note, pour y dans X, $g_{x,y}$ une fonction dans A telle que $g_{x,y}(x) = f(x)$ et $g_{x,y}(y) = f(y)$. Soit, pour y dans X,

$$U_y = \{z \in X \mid g_{x,y}(z) > f(z) - \epsilon\}.$$

Comme $g_{x,y}$ et f sont continues, U_y est ouvert. Comme y lui appartient par hypothèse, X est inclus dans la réunion des ouverts U_y. Par compacité de X, on peut donc trouver un ensemble fini de y, disons $y_1, y_2, \ldots, y_n$, tels que

$$X = \bigcup_{i=1}^{n} U_{y_i}.$$

En conséquence

$$g_x = \sup(g_{x,y_1}, \ldots, g_{x,y_n})$$

appartient à l'adhérence de A et vérifie

$$\forall z \in X \quad \exists i \text{ tel que } z \in U_{y_i} \quad \text{et} \quad g_x(z) \geq g_{x,y_i}(z) > f(z) - \epsilon.$$

On a donc fabriqué un ensemble de fonctions g_x telles que

$$g_x(x) < f(x) + \epsilon \quad \text{et} \quad \forall z \in X \quad g_x(z) > f(z) - \epsilon\,.$$

On note maintenant

$$V_x = \{z \in X \mid g_x(z) < f(z) + \epsilon\}\,.$$

On a encore V_x ouvert et $x \in V_x$. Par conséquent X est réunion d'un nombre fini de ces ouverts, disons pour $x_1, \ldots, x_m$. Par conséquent

$$g = \inf(g_{x_1}, \ldots, g_{x_m})$$

vérifie

$$\forall z \in X \quad g(z) < f(z) + \epsilon$$

et comme un inf de fonctions toutes supérieures à $f - \epsilon$ l'est encore on a même

$$\forall z \in X \quad f(z) - \epsilon < g(z) < f(z) + \epsilon$$

ce qui est bien ce que l'on voulait démontrer puisque g appartient à l'adhérence de A et donc

$$\exists h \in A \quad \|f - h\| \leq \|f - g\| + \|g - h\| \leq 2\epsilon\,.$$

On pourra consulter Jean Dieudonné, *Calcul infinitésimal*, paru chez Hermann, Walter Rudin, *Real and complex analysis*, paru chez McGraw-Hill ou Kolmogorov et Fomine, *Éléments de la théorie des fonctions et de l'analyse fonctionnelle*, paru chez MIR.

Exercice 19
Autour du théorème de Dirichlet

1. P ne prend les valeurs 0 et ± 1 qu'un nombre fini de fois. Il existe donc un entier n tel que $P(n) \neq 0$ et $P(n) \neq \pm 1$. Si p est un diviseur premier de $P(n)$, c'est aussi un diviseur de P par définition. Ainsi P a au moins un diviseur.

Montrons, par récurrence sur l'entier strictement positif r, que P possède au moins r diviseurs ; autrement dit que P possède une infinité de diviseurs.

Si $p_1, p_2, \ldots, p_r$ sont des diviseurs de P et si l est un entier tel que $b = P(l)$ est non nul, on considère le polynôme Q défini par

$$Q(X) = \frac{1}{b} P(l + b p_1 p_2 \ldots p_r X) \ .$$

D'après la formule de Taylor (qui est exacte pour les polynômes!), on a

$$Q(X) = 1 + \sum_{k=1}^{\deg(P)} \frac{P^{(k)}(l)}{k!} b^{k-1} (p_1 \ldots p_r)^k X^k$$

et Q est donc un polynôme à coefficients entiers (puisque la quantité $P^{(k)}(l)/k!$ est en fait un entier). De plus on a

$$Q(n) \equiv 1 \ [p_i]$$

pour tout entier n et tout indice i ($1 \leq i \leq r$). En particulier $Q(n)$ n'est pas nul.

Comme Q n'est pas constant, il existe un entier n tel que $Q(n) \neq \pm 1$. Donc il existe q premier divisant $Q(n)$ et comme q ne peut pas diviser à la fois $Q(n)$ et $Q(n) - 1$, q est distinct de $p_1, p_2, \ldots, p_r$. On a donc bien trouvé un nouveau diviseur de Q et donc, *a fortiori*, de P.

2. Toute racine n^{eme} de l'unité z est primitive pour un d avec $1 \leq d \leq n$ par définition de la notion de racine primitive. De plus si $n = bd + r$ est la division euclidienne de n par d, on a $z^r = z^n (z^d)^{-b} = 1$ et donc $r = 0$, ou encore $d|n$. Autrement dit toute racine n^{eme} de l'unité est primitive pour un unique d divisant n. En termes de polynômes ceci se traduit par

$$X^n - 1 = \prod_{d|n} \Phi_d(X) \ .$$

Montrons maintenant par récurrence sur l'entier strictement positif n que Φ_n est un polynôme unitaire à coefficients entiers.

On a $\Phi_1 = X - 1$ qui a bien ces propriétés.

Supposons maintenant la propriété vraie pour tous les Φ_k avec $k < n$; en particulier elle est vraie pour Φ_d avec $d|n$ et $d \neq n$. Comme ce sont des polynômes unitaires leur produit est unitaire :

$$B(X) = \prod_{d|n,\ d\neq n} \Phi_d(X) \in \mathbb{Z}[X]$$

est un polynôme unitaire. On peut donc effectuer la division euclidienne de $X^n - 1$ par B dans $\mathbb{Z}[X]$:

$$X^n - 1 = B(X)Q(X) + R(X) .$$

Mais cette division est également valable dans $\mathbb{C}[X]$. Comme on avait déjà une division euclidienne dans $\mathbb{C}[X]$, à savoir

$$X^n - 1 = B(X)\Phi_n(X) ,$$

il en résulte $R = 0$ et $Q = \Phi_n$. Par conséquent Φ_n est à coefficients entiers. Il est évidemment unitaire de par sa définition. Et on a donc montré la propriété par récurrence sur n.

3. Soit A et B des polynômes à coefficients entiers tels que B divise A, i.e. $A = BQ$ pour un certain polynôme Q à coefficients entiers. Si maintenant x est un entier quelconque et si n est un entier divisant $B(x)$, alors, comme $Q(x)$ est entier, n divise aussi $B(x)Q(x) = A(x)$. En termes de congruences, si $B(x) \equiv 0\ [n]$, alors $A(x) \equiv 0\ [n]$.

On applique ce résultat à $A = X^m - 1$, $B = \Phi_m$, $x = a$ et $n = p$ et on en tire $a^m - 1 \equiv 0\ [p]$. Or si p divisait a, on aurait $a^m \equiv 0\ [p]$, ce qui est impossible puisque $0 \not\equiv 1\ [p]$.

Soit maintenant k le plus petit entier strictement positif tel que $a^k \equiv 1\ [p]$ (autrement dit k est l'ordre multiplicatif de a modulo p). Supposons que k soit strictement plus petit que m. Comme p divise à la fois $a^k - 1$ et $\Phi_m(a)$, p^2 divise le produit, i.e.

$$(a^k - 1)\Phi_m(a) \equiv 0\ [p^2] .$$

Soit $m = bk + r$ la division euclidienne de m par k; on a

$$a^r \equiv a^r(a^k)^b \equiv a^m \equiv 1\ [p]$$

et donc r est nul, i.e. k divise m. En conséquence $(X^k - 1)\Phi_m$ divise $X^m - 1$, le quotient étant égal au produit, pour d divisant m et strictement compris entre k et m, des Φ_d. En appliquant la remarque du début, on en déduit

$$a^m - 1 \equiv 0\ [p^2] .$$

Remarquons maintenant que, pour tout polynôme P, tout entier x et tout entier n supérieur ou égal à 2, on a

$$P(x + n) \equiv P(x)\ [n] .$$

En particulier $\Phi_m(a + p) \equiv \Phi_m(a) \equiv 0\ [p]$ et $(a+p)^k - 1 \equiv a^k - 1 \equiv 0\ [p]$; il en résulte une fois encore $(a+p)^m - 1 \equiv 0\ [p^2]$. Par différence avec le résultat précédent, on obtient

$$(a+p)^m - a^m \equiv pma^{m-1} \equiv 0\ [p^2]\ .$$

Mais alors p divise ma^{m-1}. Comme p ne divise pas m, le lemme de Gauß assure que p divise a et nous venons de voir que c'est impossible. Donc m est bien l'ordre de a modulo p.

4. D'après le petit théorème de Fermat (ou le théorème de Wilson, au choix), comme p ne divise pas a,
$$a^{p-1} \equiv 1\ [p]\ .$$
Comme m est le plus petit entier tel que $a^m \equiv 1\ [p]$, il en résulte (comme précédemment) que m divise $p-1$ et donc que $p-1 \equiv 0\ [m]$ ou encore
$$p \equiv 1\ [m]\ .$$
Il reste donc à remarquer que, m étant fixé, Φ_m a une infinité de diviseurs, donc une infinité de diviseurs premiers à m et il existe donc une infinité de nombres premiers p ne divisant pas m tels qu'il existe a vérifiant $\Phi_m(a) \equiv 0\ [p]$. D'après ce qui précède on aura alors $p \equiv 1\ [m]$. En résumé il y a une infinité de nombres premiers dans la progression arithmétique de raison m et de base 1.

Remarque : on n'utilise pas le fait que $\Phi_m(a)$ est non nul et que a est positif (qui font partie de la définition de la notion de diviseur). Cela dit, parmi les entiers seuls 1 et -1 sont des racines de l'unité et donc seuls Φ_1 et Φ_2 ont des racines entières. Dans le cas $m = 2$, on peut toujours choisir $a = -1$ (on a $\Phi_2(X) = X + 1$). Ici 2 est évidemment l'ordre de -1 modulo p pour tout p strictement supérieur à 2 et la démonstration (donnée par la solution) du fait que Φ_2 a une infinité de diviseurs est la démonstration classique du fait que l'ensemble des nombres premiers est infini (en prenant $l = 0$, on a $b = P(0) = 1$ et $Q(X) = p_1 \ldots p_r X + 1$).

Commentaires. Φ_n s'appelle le n^{eme} polynôme cyclotomique.

Ce théorème admet une généralisation (dite « grand théorème de Dirichlet » ou « théorème de la progression arithmétique ») qui affirme que le résultat est encore vrai si on remplace 1 par n'importe quel entier premier à m : pour tout entier m non nul et tout entier a premier à m, il existe une infinité de nombres premiers congrus à a modulo m. À noter que si a n'est pas premier à m, $p \equiv a\ [m]$ implique que $pgcd(a, m)$ divise p et donc il y a au plus un nombre premier qui vérifie $p \equiv a\ [m]$.

Le lecteur intéressé pourra consulter le cours de Jean-Pierre Serre, *Cours d'arithmétique*, paru aux Presses Universitaires de France, pour une démonstration du grand théorème de Dirichlet. Cette démonstration n'est pas élémentaire et fait appel à la notion de fonction L (de Dirichlet) qui est une généralisation de la fonction ζ de Riemann :

$$L(s, \chi) = \sum_{n=1}^{\infty} \frac{\chi(n)}{n^s}\ .$$

Exercice 19. Autour du théorème de Dirichlet

χ est ici un caractère modulaire, c'est-à-dire une application de $\mathbb{Z}$ dans $\mathbb{C}$ multiplicative et non nulle uniquement sur l'ensemble des nombres premiers à un certain entier m dépendant de χ. Autrement dit, il existe un entier m tel que, pour tout (a, b) dans $\mathbb{Z}^2$,

$$\chi(ab) = \chi(a)\chi(b)$$

$$\chi(a) = 0 \Leftrightarrow pgcd(a, m) \neq 1.$$

Par exemple, soit p un nombre premier, on peut définir un caractère modulaire χ ainsi : $\chi(a)$ vaut 0, 1 ou -1 selon que, modulo p, a est nul, a est un carré non nul, a n'est pas un carré.

La démonstration du grand théorème de Dirichlet passe par le fait que $L(s, \chi)$ est un complexe non nul si χ n'est pas identiquement égal à 1 et, dans ce dernier cas, $L(s, \chi)$ n'est rien d'autre que la fonction ζ de Riemann et admet donc un pôle en $s = 1$ (puisque la série harmonique diverge).

On trouvera d'autres exemples de caractères dans l'exercice 28 sur les caractères de l'algèbre $\mathcal{C}(\mathcal{K}, \mathbb{R})$ des fonctions continues d'un compact dans $\mathbb{R}$.

Exercice 20
Racines carrées continûment différentiables

Par le théorème de composition, comme $x \mapsto \sqrt{x}$ est de classe C^∞ sur $\mathbb{R}_+^*$, g est de classe C^2 en tout point où f ne s'annule pas.

Soit maintenant x un zéro de f. La formule de Taylor-Young s'écrit

$$f(x+h) = hf'(x) + \frac{h^2}{2}f''(x) + o(h^2)$$

et donc la positivité de f montre que $f'(x) = 0$ et $f''(x) \geq 0$. Remarquons que cela était évident *a priori* puisque 0 est un minimum absolu de la fonction positive f. On en déduit, par la formule de Taylor-Lagrange,

$$f(x+h) = \frac{h^2}{2} f''(x + \theta_h h) \qquad \text{avec } 0 < \theta_h < 1\,.$$

D'où

$$\frac{g(x+h) - g(x)}{h} = \frac{\sqrt{f(x+h)}}{h} = \frac{1}{\sqrt{2}} \frac{|h|}{h} \sqrt{f''(x + \theta_h h)}$$

et donc (en notant g'_g et g'_d les dérivées à gauche et à droite de g)

$$g'_g(x) = -\sqrt{\frac{f''(x)}{2}} \qquad \text{et} \qquad g'_d(x) = \sqrt{\frac{f''(x)}{2}}\,.$$

Donc g est dérivable en x si et seulement si $f''(x)$ est nul. De plus dans ce cas on a $g'(x) = 0$.

Supposons maintenant que f'' s'annule en tous les zéros de f. On a donc aussi la nullité de g' en tous ces zéros. Soit x l'un d'eux, introduisons les intervalles centrés en x, $I_r = [x-r; x+r]$. Pour y dans I_r et h dans $[-r;r]$, on a

$$0 \leq f(y+h) = f(y) + hf'(y) + \frac{h^2}{2} f''(y+\theta_h h) \leq f(y) + hf'(y) + \frac{h^2}{2} \sup_{t \in I_{2r}} |f''(t)|\,.$$

Ce trinôme en h est minimal en

$$-\frac{f'(y)}{\sup_{t \in I_{2r}} |f''(t)|}\,.$$

D'après l'inégalité des accroissements finis appliquée à f', pour tout y dans I_r, on a

$$|f'(y)| = |f'(y) - f'(x)| \leq r \sup_{t \in I_r} |f''(t)| \leq r \sup_{t \in I_{2r}} |f''(t)|\,.$$

Donc le minimum du trinôme est atteint sur $[-r;r]$. Sa positivité est donc équivalente (puisque son terme dominant est positif) à la négativité de son discriminant :

$$f'(y)^2 \leq 2f(y) \sup_{t \in I_{2r}} |f''(t)|.$$

Comme g est dérivable et $g^2 = f$, on a

$$|2g(y)g'(y)| = |f'(y)| \leq \sqrt{2f(y) \sup_{t \in I_{2r}} |f''(t)|} = g(y)\sqrt{2 \sup_{t \in I_{2r}} |f''(t)|}.$$

Si $g(y)$ est non nul (c'est-à-dire si $f(y)$ est non nul), on a donc

$$|g'(y)| \leq \sqrt{\frac{\sup_{t \in I_{2r}} |f''(t)|}{2}}.$$

Et si $g(y)$ est nul, $g(y)$ est un minimum de g et on a $g'(y) = 0$. Il en résulte

$$\lim_{y \to x} g'(y) = 0 = g'(x)$$

puisque, quand y tend vers x, on peut prendre r arbitrairement petit et alors le sup sur I_{2r} tend (par continuité de f'') vers $f''(x)$ i.e. vers 0.

En résumé g est de classe C^1 sur $\mathbb{R}$ si et seulement si f'' s'annule en tous les zéros de f.

Exercice 21
Polynômes hyperboliques

1. Soit $\delta = \frac{\partial}{\partial X}$ l'application linéaire de $\mathbb{R}[X]$ dans lui-même qui à un polynôme P associe son polynôme dérivé. Par définition de R, on a $R = Q(\delta)[P]$ où $Q(\delta)$ désigne le polynôme d'opérateur $\sum_{i=0}^{n} a_i \delta^i$. En conséquence, comme Q est scindé, on a

$$Q(X) = a_n \prod_{i=1}^{n}(X - \alpha_i) \quad \text{et donc} \quad Q(\delta) = a_n \prod_{i=1}^{n}(\delta - \alpha_i Id)$$

où le produit désigne dans un cas le produit des polynômes et dans l'autre cas la composition des applications linéaires. Si l'application linéaire $\delta - \alpha Id$ préserve les polynômes hyperboliques, il en sera de même pour un produit de telles applications et donc pour $Q(\delta)$ puisque les homothéties aussi préservent l'hyperbolicité.

On est donc ramené au cas où $Q(X) = X - \alpha$ et on étudie le polynôme $Q(\delta)[P] = P' - \alpha P$ où P est un polynôme hyperbolique de degré k et α est un réel quelconque. Le cas où k est inférieur à 1 étant immédiat, car tout polynôme de degré inférieur ou égal à 1 est hyperbolique, nous supposons k supérieur à 2.

Étudions tout d'abord le cas où P est simplement scindé, i.e. quand ses racines sont simples. Notons ces racines $x_1, \ldots, x_k$ avec $x_1 < x_2 \ldots < x_k$. D'après le théorème de Rolle, P' possède une racine y_i dans chacun des intervalles $]x_i, x_{i+1}[$ pour $1 \leq i \leq k-1$. Ce sont donc exactement les $k-1$ racines de P' (qui est de degré $k-1$). Comme les racines y_i sont simples, P' y change de signe. De plus P' est de signe constant sur $]y_i, y_{i+1}[$ puisqu'il ne s'y annule pas. Il en résulte que la suite des valeurs de P' en les x_i est alternée. Il en est donc de même pour les valeurs de $P' - \alpha P$ en les x_i puisque ce sont les mêmes ! Le théorème des valeurs intermédiaires nous assure donc de l'existence de $k-1$ racines réelles pour le polynôme $P' - \alpha P$. Ce polynôme étant à coefficients réels, il a un nombre pair de racines complexes, puisqu'elles sont conjuguées deux à deux, et ne peut donc n'en avoir qu'une seule. C'est donc qu'il est hyperbolique.

Revenons au cas général. On note $(x_i)_{1 \leq i \leq l}$ les racines (ordonnées) de P et $(m_i)_{1 \leq i \leq l}$ leurs multiplicités respectives. L'hypothèse P hyperbolique se traduit par $\sum_{i=1}^{l} m_i = k$. Le raisonnement précédent se généralise aisément : P' possède $l-1$ racines, $(y_i)_{1 \leq i \leq l-1}$ comprises chacune dans un intervalle $]x_i, x_{i+1}[$ et les x_i pour lesquels m_i est strictement supérieur à 1 sont également racines de P' avec la multiplicité $m_i - 1$. Ceci nous donne $\sum_{i=1}^{l}(m_i-1)+l-1 = k-1$ racines et on en conclut encore que les y_i sont racines simples. En particulier P' y change de signe. Analysons ce qu'il se passe en x_i. Puisque c'est une racine de P de multiplicité m_i, on a $P(x) \sim \lambda_i(x - x_i)^{m_i}$ au voisinage de x_i. On a alors $P' - \alpha P \sim P'$ au voisinage de x_i. On peut donc trouver des réels x_i^+ et x_i^- de sorte que $x_1^- < x_1 < x_1^+ < y_1 < x_2^- < x_2 < \ldots < y_{l-1} < x_l^- <$

Exercice 21. Polynômes hyperboliques 117

$x_l < x_l^+$ et tels que $|P'(x_i^{\pm})| > |\alpha P(x_i^{\pm})|$. Comme P' ne change qu'une seule fois de signe dans l'intervalle $]x_i, x_{i+1}[$ (c'est en y_i), on a $P'(x_i^+)P'(x_{i+1}^-) < 0$ et donc $(P' - \alpha P)(x_i^+)(P' - \alpha P)(x_{i+1}^-) < 0$. Il en résulte que $P' - \alpha P$ admet au moins une racine dans l'intervalle $]x_i^+, x_{i+1}^-[$. Ceci nous fournit $l-1$ racines pour $P' - \alpha P$. On a également $\sum_{i=1}^{l}(m_i - 1) = k - l$ racines fournies par les x_i et on a donc au moins $k-1$ racines réelles pour $P' - \alpha P$. De même que précédemment on en conclut que $P' - \alpha P$ est hyperbolique.

2. Afin d'exprimer R en termes de P, Q et δ, il convient d'étudier le phénomène pour des monômes. Si $P(X) = X^k$ et $Q(X) = X^n$, on a $R(X) = n^k X^n$. Pour $k = 1$, on a donc $R(X) = X\delta(Q)$ et, pour k général, on a $R(X) = (X\delta)^k(Q)$ où $X\delta$ est l'application linéaire qui à un polynôme P associe le polynôme $XP'(X)$. Il en résulte que si P est un polynôme quelconque, on a $R(X) = P(X\delta)(Q)$. On est donc ramené à étudier le cas où P est de degré 1 par le même argument que précédemment.

On étudie donc le polynôme $XQ'(X) - \alpha Q(X)$ pour Q un polynôme de degré n et α un réel non compris entre 0 et n. Pour ne pas être gêné par le X devant Q', on va appliquer la méthode précédente non pas en étudiant le signe au voisinage des racines de Q, mais au voisinage de celles de Q'. N'ayant plus que $n-1$ intervalles, on devra trouver une autre racine avant de pouvoir conclure. Comme précédemment, on étudie d'abord le cas où Q est simplement scindé. Dans ce cas Q admet n racines simples et change donc de signe en les x_i, en particulier les $Q(y_i)$ forment une suite alternée de réels. En conséquence, comme α est non nul, $XQ' - \alpha Q$ prend des valeurs de signes alternés en les y_i. Ceci fournit donc $n-2$ racines pour $XQ' - Q$.

En y_{n-1}, $XQ' - \alpha Q$ est du signe de $-\alpha Q(y_{n-1})$. Comme Q change de signe en x_n pour être du signe de a_n (le coefficient dominant de Q), $XQ' - \alpha Q$ est donc du signe de αa_n en y_{n-1}. Le coefficient dominant de $XQ' - \alpha Q$ étant $(n - \alpha)a_n$, en l'infini $XQ' - \alpha Q$ est du signe de $(n - \alpha)a_n$. Comme $\alpha a_n(n - \alpha)a_n = \alpha(n - \alpha)a_n^2$ est négatif par hypothèse sur α, on a bien trouvé un changement de signe entre y_{n-1} et l'infini, donc une racine, différente des $n-2$ autres. On a donc au moins $n-1$ racines réelles pour $XQ' - Q$ qui est donc bien hyperbolique.

Étudions maintenant le cas général. Les mêmes arguments que précédemment permettent d'écrire

$$Q(X) = a_n \prod_{i=1}^{l}(X - x_i)^{m_i} \quad \text{et} \quad Q'(X) = na_n \prod_{i=1}^{l}(X - x_i)^{m_i - 1}\prod_{i=1}^{l-1}(X - y_i)$$

où les y_i sont des réels respectivement compris entre x_i et x_{i+1} et où les m_i sont des entiers supérieurs (ou égaux) à 1. On a donc

$$\begin{aligned} R(X) &= XQ'(X) - \alpha Q(X) \\ &= a_n \prod_{i=1}^{l}(X - x_i)^{m_i - 1}\left(nX\prod_{i=1}^{l-1}(X - y_i) - \alpha\prod_{i=1}^{l}(X - x_i)\right). \end{aligned}$$

Notons R_1 le polynôme $R_1(X) = nX \prod_{i=1}^{l-1}(X - y_i) - \alpha \prod_{i=1}^{l}(X - x_i)$. Il prend des valeurs alternées en les y_i et admet donc $l - 2$ racines réelles, une dans chaque intervalle $]y_i, y_{i+1}[$. En y_{l-1} il est du signe de α et son coefficient dominant est $n - \alpha$. Par hypothèse sur α, cela entraîne que R_1 a au moins $l - 1$ racines réelles. Étant de degré l, il est donc hyperbolique. Il en résulte immédiatement que R est hyperbolique.

Remarque : si P admet une racine dans $[0\,;n]$ le résultat est mis en défaut. Par exemple si $Q(X) = X^2 - 1$ et $P(X) = X - 1$, on a $R(X) = X^2 + 1$ qui n'est pas hyperbolique.

Commentaires. Cette étude des polynômes hyperboliques est importante dans divers cadres comme la géométrie algébrique réelle ou celle des opérateurs différentiels. Les ensembles algébriques sont ceux qui sont définis comme zéros communs de polynômes. Si la situation est relativement claire sur $\mathbb{C}$ puisque tout polynôme y est scindé, ce n'est plus le cas sur $\mathbb{R}$ et cela donne lieu à de nombreux développements. De plus la structure de corps ordonné sur $\mathbb{R}$, contrairement à $\mathbb{C}$, permet de se poser encore d'autres questions, par exemple de positivité. L'exercice 11 en est un exemple.

Les polynômes à coefficients réels ont encore bien d'autres propriétés et l'étude de leurs racines peut utiliser de nombreux outils non disponibles sur $\mathbb{C}$ comme le théorème de Rolle par exemple. On peut s'en rendre compte avec l'exercice 25 et les commentaires faisant suite à l'exercice 24. À titre d'exercice supplémentaire on pourra s'amuser à démontrer que les fonctions usuelles obtenues par composition, multiplication et addition de polynômes, d'exponentielles ou de logarithmes (en particulier on autorise les exponentielles d'exponentielles et les logarithmes itérés) n'ont qu'un nombre fini de zéros qu'on peut contrôler en fonction des degrés des polynômes et du nombre total de fonctions intervenant.

Exercice 22
Sur les surfaces minimales

1. Rappelons que H (qui est symétrique réelle de dimension 2) est définie positive si et seulement si r et $rt - s^2$ sont strictement positifs, autrement dit si son premier coefficient et son déterminant sont strictement positifs. En effet le produit des valeurs propres vaut le déterminant $rt - s^2$ et elles sont donc toutes les deux non nulles et de même signe si et seulement si $rt - s^2$ est strictement positif. En particulier il est nécessaire que r et t soient de même signe. Comme la somme des valeurs propres vaut la trace de H, à savoir $r + t$, elle est donc du signe commun à r et t. Et comme les valeurs propres sont de même signe, cela prouve que ce signe est celui de r.

Comme $h = \det(H) = rt - s^2$ est toujours égal à 1, il faut montrer que l'on peut se ramener au cas où r est strictement positif. En fait r est une fonction continue et elle ne peut s'annuler car sinon $h = -s^2$ serait négatif et *a fortiori* différent de 1. Donc r garde un signe constant (ce qui prouve que H est en fait soit toujours définie positive, soit toujours définie négative). Si r est strictement positif, on ne touche à rien. Sinon la fonction $-f$ convient évidemment car H est changée en son opposée et donc h reste égal à 1.

Remarque: en fait pour une matrice symétrique réelle $A = (a_{i,j})_{1 \leq i,j \leq n}$, si on note d_i le déterminant de la matrice (symétrique réelle) extraite de A formée de ses i premières lignes et colonnes, alors A est définie positive si et seulement si tous les d_i ($1 \leq i \leq n$) sont strictement positifs.

2. Soit $x = (x_1, x_2)$ et $y = (y_1, y_2)$ fixés (et distincts); pour t réel on pose $\tilde{x}_t = tx + (1-t)y$ et on définit une fonction ψ de $\mathbb{R}$ dans $\mathbb{R}$ par

$$\psi(t) = (x - y).(g(\tilde{x}_t) - g(y)) \ .$$

La dérivée de $t \mapsto \partial_i f(\tilde{x}_t)$ est donnée par

$$t \mapsto \partial^2_{i1} f(\tilde{x}_t).(x_1 - y_1) + \partial^2_{i2} f(\tilde{x}_t).(x_2 - y_2)$$

et donc

$$\psi'(t) = t d^2 f(\tilde{x}_t).(x - y)^2$$

d'où (puisque $d^2 f$ est définie positive),

$$\psi'(t) \geq 0 \quad \text{pour } t \geq 0 \ .$$

Comme $\psi(t)$ admet $(x - y).(g(y) - g(y)) = 0$ comme limite en 0, il en résulte que $\psi(t)$ est positive sur $\mathbb{R}_+$. Pour $t = 1$, on obtient l'assertion cherchée.

3. On a

$$\begin{aligned}\|(Id + g)(x) - (Id + g)(y)\|^2 &= \|x - y\|^2 + \|g(x) - g(y)\|^2 \\ &\quad + 2(x-y).(g(x) - g(y)) \\ &\geq \|x - y\|^2 + \|g(x) - g(y)\|^2\end{aligned}$$

donc $Id+g$ dilate les distances. En particulier c'est une application injective.

Pour montrer qu'elle est surjective, on va montrer que son image est à la fois ouverte et fermée dans $\mathbb{R}^2$. Par connexité de $\mathbb{R}^2$, on en déduira que c'est donc tout $\mathbb{R}^2$ (puisque son image n'est pas vide).

L'image est fermée : c'est une conséquence de l'inégalité précédente. Soit une suite de Cauchy $(Id+g)(x_n)$ d'éléments de l'image de $Id+g$ convergeant vers un point y. Comme

$$\|x_m - x_n\| \le \|(Id+g)(x_m) - (Id+g)(x_n)\|$$

la suite (x_n) est aussi de Cauchy. Elle converge donc vers un point x et, par continuité de $Id+g$, on a $y = (Id+g)(x)$, i.e. y appartient à l'image de $Id+g$.

Pour montrer que l'image est ouverte, par le théorème d'inversion locale, il suffit de démontrer qu'en tout point la différentielle de $Id+g$ est bijective. On a

$$d(Id+g)(x) : h \mapsto h + dg(x)(h).$$

Comme

$$(h + dg(x)(h)).h = \|h\|^2 + d^2 f(x).h^2 \ge \|h\|^2,$$

cette quantité est strictement positive pour h non nul et, en particulier $h + dg(x)(h)$ n'est nul pour aucun h non nul, i.e. la différentielle de $Id+g$ est injective. Comme c'est une application linéaire de $\mathbb{R}^2$ dans lui-même, elle est donc bijective.

4. Comme H est symétrique, il en est de même pour $Id+H$ et $Id-H$. Comme H est définie positive, il en est de même pour $Id+H$ qui est donc en particulier inversible. Son inverse étant évidemment symétrique et le produit de deux matrices symétriques qui commutent l'étant aussi, S est bien symétrique.

Diagonalisons H. Il existe P orthogonale, λ et μ (dépendants de x) telle que

$$H = P \begin{pmatrix} \lambda & 0 \\ 0 & \mu \end{pmatrix} P^{-1}$$

avec $\lambda\mu = \det(H) = 1$. On a alors

$$S = P \begin{pmatrix} \frac{1-\lambda}{1+\lambda} & 0 \\ 0 & \frac{1-\mu}{1+\mu} \end{pmatrix} P^{-1} = P \begin{pmatrix} \frac{1-\lambda}{1+\lambda} & 0 \\ 0 & \frac{\lambda-1}{\lambda+1} \end{pmatrix} P^{-1}.$$

Les coefficients de la matrice diagonale étant dans $]-1;1[$, de même que ceux de P et $P^{-1} = {}^tP$ (puisque ce sont des matrices orthogonales), S a des coefficients bornés (disons de valeur absolue inférieure à 2).

5. La trace étant invariante par changement de base, on a

$$\mathrm{tr}(S) = \frac{1-\lambda}{1+\lambda} + \frac{\lambda-1}{\lambda+1} = 0.$$

6. On a

$$d(Id - g)(x) = Id - dg(x)$$

et
$$d\left((Id + g)^{-1}\right)(x) = \left(Id + dg\left((Id + g)^{-1}(x)\right)\right)^{-1}.$$

Notons ψ la fonction $(Id-g) \circ (Id+g)^{-1}$. Comme $d(\psi_2 \circ \psi_1)(x) = d\psi_2(\psi_1(x)) \circ d\psi_1(x)$, on en déduit

$$\begin{aligned}
d\psi(x) &= d\left((Id - g) \circ (Id + g)^{-1}\right)(x) \\
&= d(Id - g)\left[(Id + g)^{-1}(x)\right] \circ d\left((Id + g)^{-1}\right)(x) \\
&= (Id - dg)\left[(Id + g)^{-1}(x)\right] \circ \left((Id + dg)\left[(Id + g)^{-1}(x)\right]\right)^{-1} \\
&= (Id - dg) \circ (Id + dg)^{-1}\left[(Id + g)^{-1}(x)\right] \\
&= S \circ (Id + g)^{-1}(x)
\end{aligned}$$

7. Comme S est symétrique, $\psi = (Id - g) \circ (Id + g)^{-1}$ est bien le gradient d'une fonction ϕ de classe C^2. Comme f est en fait de classe C^∞, il en est de même de ϕ.

On a
$$\Delta \phi = \partial^2_{11} \phi + \partial^2_{22} \phi = \partial_1 \psi_x + \partial_2 \psi_y = tr(S) = 0.$$

8. Les coefficients de S sont donnés par des dérivées partielles de ϕ. Comme ϕ est de laplacien nul, il en est de même de ses dérivées partielles parce que l'ordre dans lequel on prend les différentiations n'importe pas, d'après le lemme de Schwarz) :

$$\Delta \partial_1 \phi = \partial^3_{111} \phi + \partial^3_{122} \phi = \partial_1 (\Delta \phi) = 0.$$

Donc les coefficients de S sont des fonctions bornées de laplacien nul.

Il en résulte que S est constante. Comme $S(Id + H) = Id - H$, on a

$$(Id + S)H = Id - S.$$

Or
$$Id + S = P \begin{pmatrix} 1 + \frac{1-\lambda}{1+\lambda} & 0 \\ 0 & 1 + \frac{\lambda-1}{\lambda+1} \end{pmatrix} P^{-1} = P \begin{pmatrix} \frac{2}{1+\lambda} & 0 \\ 0 & \frac{2\lambda}{\lambda+1} \end{pmatrix} P^{-1}$$

et donc $Id + S$ est inversible (car λ est non nul en tant que valeur propre de H) et
$$H = (Id - S)(Id + S)^{-1}.$$

Aussi H est constante et, par intégration, f est un polynôme de degré inférieur à deux.

Commentaires. Ce résultat permet de démontrer un fameux théorème de Bernstein, à savoir que si une surface de $\mathbb{R}^3$ de la forme $z = z(x,y)$ est minimale (i.e. sa courbure moyenne est numme), alors c'est nécessairement un plan.

Une fonction de laplacien nul est dite harmonique. Les fonctions harmoniques jouent un très grand rôle en analyse et en géométrie. Si f est une fonction holomorphe (développable en série entière sur $\mathbb{C}$) alors, en tant que fonction sur $\mathbb{R}^2 \simeq \mathbb{C}$, f est harmonique.

Le fait que les fonctions harmoniques bornées sont constantes est le théorème de Liouville. On peut l'obtenir par exemple en exprimant le laplacien en coordonnées polaires. Soit $f(x,y) = g(r,\theta)$. On a

$$\Delta f = \frac{1}{r^2}\frac{\partial^2 g}{\partial \theta^2} + \frac{1}{r}\frac{\partial}{\partial r}\left(r\frac{\partial g}{\partial r}\right).$$

On développe $g(r,\theta)$ en série de Fourier. Ses coefficients dépendront donc de r. Posons

$$c_n(r) = \frac{1}{2\pi}\int_0^{2\pi} e^{-in\theta} g(r,\theta) d\theta.$$

D'après l'expression du laplacien, en intégrant

$$\frac{1}{2\pi}\int_0^{2\pi} e^{-in\theta} \Delta g(r,\theta) d\theta$$

on trouve

$$-\frac{n^2}{r^2}c_n(r) + \frac{1}{r}\frac{\partial}{\partial r}\left(r\frac{\partial c_n(r)}{\partial r}\right).$$

Et donc

$$r\frac{\partial}{\partial r}\left(r\frac{\partial c_n(r)}{\partial r}\right) = n^2 c_n(r)$$

ou, autrement dit, c_n est fonction propre pour l'opérateur

$$r\frac{\partial}{\partial r} \circ r\frac{\partial}{\partial r}.$$

Les fonctions propres de

$$r\frac{\partial}{\partial r}$$

sont les fonctions r^a, avec la valeur propre a. En particulier les fonctions r^n et r^{-n} sont fonctions propres de

$$r\frac{\partial}{\partial r} \circ r\frac{\partial}{\partial r}$$

pour la valeur propre n^2. Comme on a affaire à une équation différentielle linéaire du deuxième ordre, c'est donc que, pour $n > 0$,

$$c_n(r) = a_n r^n + b_n r^{-n}.$$

Pour $n = 0$, l'équation s'intègre directement et on trouve

$$c_0 = a_0 + b_0 \log(r) .$$

On utilise maintenant la formule de Parseval-Bessel

$$\frac{1}{2\pi} \int_0^{2\pi} |g(r,\theta)|^2 \, d\theta = \sum_{n=-\infty}^{+\infty} |c_n(r)|^2 .$$

Le fait que cette quantité soit bornée, en particulier quand r tend vers l'infini ou vers 0, montre que $a_n = b_n = 0$ si $n > 0$ et $b_0 = 0$.

En écrivant que g est somme de sa série de Fourier, on en déduit que

$$g(r,\theta) = c_0(r) = a_0$$

est constante.

124 *Chapitre 3. Solutions des 29 petits problèmes*

Exercice 23
Le théorème de Brouwer en dimension 2

1. Chacun des U_i est inclus dans Δ par définition. Il faut donc montrer que tout point de Δ appartient à l'un des U_i, c'est-à-dire que pour tout P dans Δ il existe un indice i tel que $x_i(P) > x_i(f(P))$. Supposons le contraire, on aurait alors $x_i(P) \leq x_i(f(P))$ pour tout indice i. D'où

$$1 = \sum_{i=1}^{3} x_i(P) \leq \sum_{i=1}^{3} x_i(f(P)) = 1$$

et on devrait donc avoir égalité dans les trois inégalités précédentes. Mais alors $P = f(P)$ puisque leurs coordonnées barycentriques sont les mêmes. Ceci est une contradiction avec l'hypothèse que f n'a pas de point fixe. D'où l'assertion.

2. Si A appartient au segment $[A_i A_j]$, soit A_k le dernier sommet du triangle. Puisque A est barycentre de A_i et A_j, on a $x_k(A) = 0$ et donc A ne peut pas appartenir à U_k. C'est donc qu'il appartient soit à U_i soit à U_j.

3. Si un côté (dans C) a un sommet de couleur rouge et l'autre de couleur noire, c'est que c'est un côté inclus dans $[A_1 A_2]$. Remarquons qu'on a un côté bicolore si et seulement si deux sommets successifs sont de couleurs différentes

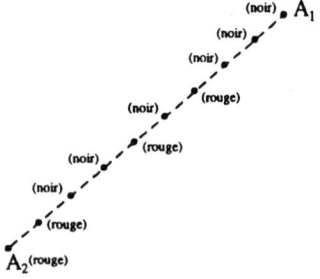

et donc la parité du nombre de ces côtés est la même que la parité du nombre de changements de couleurs entre A_1 et A_2. Cette dernière est impaire puisque A_1 et A_2 sont de couleurs différentes.

4. Soit $C(\Delta_i^n)$ l'ensemble formé des trois côtés de Δ_i^n et Bic la fonction qui associe 1 aux côtés bicolores noir/rouge et 0 aux autres. On considère

$$B = \sum_{i=1}^{n^2} \sum_{\delta \in C(\Delta_i^n)} Bic(\delta) \, .$$

Soit δ un côté d'un petit triangle; s'il n'est pas sur les côtés de $(A_1 A_2 A_3)$, il appartient à exactement deux triangles Δ_i^n. Il contribue donc à B par 0 ou

Exercice 23. Le théorème de Brouwer en dimension 2

par 2 selon qu'il est bicolore noir/rouge ou pas. Les autres côtés sont, on vient de le voir, en nombre impair. Il en résulte que B est impair.

Remarquons maintenant que la somme $\sum_{\delta \in C(\Delta_i^n)} Bic(\delta)$ est nulle si Δ_i^n n'est pas soit tricolore, soit bicolore noir/rouge. Dans le premier cas il contribue par 1 à la somme et dans le second cas par 2. Si aucun triangle n'était tricolore B serait donc pair et ceci assure l'existence d'un triangle tricolore.

5. On note, pour tout n, M_n le centre d'un triangle équilatéral tricolore. Comme Δ est compact et que M_n appartient à Δ, on peut extraire une sous-suite convergente de la suite M_n et sa limite appartiendra à Δ. On note P_n cette suite et P sa limite.

Remarquons que la distance du centre d'un Δ_i^n à un de ses sommets est égale à $1/n$ fois la distance du centre de $(A_1 A_2 A_3)$ à l'un des A_i (puisque les triangles Δ_i^n sont homothétiques au grand triangle par un rapport d'homothétie $1/n$). Cette distance tend donc vers 0. Il en résulte que P est également la limite des sommets du triangle dont P_n est le centre. Notons N_n, R_n et B_n les sommets de ce triangle qui sont coloriés respectivement en noir, rouge et blanc. On a donc

$$\lim_{n \to \infty} N_n = \lim_{n \to \infty} R_n = \lim_{n \to \infty} B_n = P \, .$$

De plus les coordonnées barycentriques (tout comme les projections dans un repère) sont des fonctions continues du point et donc, si f est continue, on a

$$(\forall n \in \mathbb{N}^* \quad x_i(N_n) > x_i(f(N_n))) \Rightarrow (x_i(P) \geq x_i(f(P))) \, .$$

Cela est vérifié pour $i = 1$ puisque N_n est colorié en noir. Il en résulte $x_1(P) \geq x_1(f(P))$. En raisonnant avec les points rouge et blanc on en déduit aussi $x_2(P) \geq x_2(f(P))$ et $x_3(P) \geq x_3(f(P))$. Comme la somme des x_i vaut 1, cela entraîne qu'on a en fait égalité dans toutes ces inégalités et donc $P = f(P)$. Cette ultime contradiction montre qu'une telle fonction n'existe pas. Autrement dit toute fonction continue de Δ dans lui-même a nécessairement au moins un point fixe.

On construit facilement un homéomorphisme ϕ (i.e. une bijection bicontinue) de Δ sur n'importe quel disque. Si g est une fonction continue du disque dans lui-même, $f = \phi \circ g \circ \phi^{-1}$ est une fonction continue de Δ dans lui-même et admet donc un point fixe, disons P. Et alors $\phi(P)$ est un point fixe de g.

Construisons l'homéomorphisme. Comme tous les triangles équilatéraux sont homéomorphes entre eux (par une similitude) de même que les disques (par une homothétie-translation), il suffit de montrer le résultat en choisissant un triangle équilatéral et un disque. On prend le disque unité ($x^2 + y^2 = 1$) et le triangle de sommet les « racines cubiques de l'unité », i.e. les points $(1, 0)$, $(-1/2, \sqrt{3}/2)$ et $(-1/2, -\sqrt{3}/2)$. Ces deux figures sont centrées en l'origine et on les déforme en envoyant chaque côté du triangle (qui est une corde du cercle) sur l'arc de cercle qui lui correspond.

On écrit les choses en polaires. La figure étant invariante par rotation d'angle $2\pi/3$, on explicite la bijection sur $0 \leq \theta \leq 2\pi/3$. Le point de la corde correspondant à l'angle θ correspond à $r = \sin(\pi/6)/\sin(5\pi/6 - \theta)$, i.e. $r = 1/2\sin(5\pi/6 - \theta)$, puisque, dans le triangle OAM, on a

$$\frac{OM}{\sin\frac{\pi}{6}} = \frac{OA}{\sin\left(\pi - \frac{\pi}{6} - \theta\right)} \ .$$

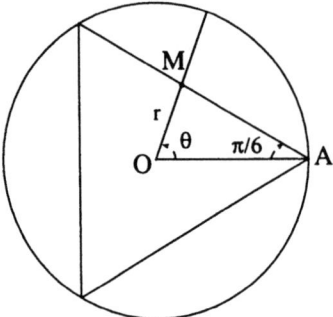

Aussi, sur la demi-droite donnée par l'angle θ, on fait une homothétie de rapport $2\sin(5\pi/6 - \theta)$, autrement dit la bijection est donnée par

$$(r, \theta) \mapsto \left(2r \sin\left(\frac{5\pi}{6} - \theta\right), \theta\right)$$

sur les points du tiers de triangle correspondant à $0 \leq \theta \leq 2\pi/3$ et prolongée par $2\pi/3$ périodicité. Cette application est clairement un homéomorphisme de bijection réciproque

$$(r, \theta) \mapsto \left(\frac{r}{2\sin\left(\frac{5\pi}{6} - \theta\right)}, \theta\right)$$

puisque $\sin(5\pi/6 - \theta)$ ne s'annule pas sur $[0; 2\pi/3]$.

Remarque : ce théorème est équivalent au théorème des trois fermés à savoir que si on recouvre un triangle avec trois fermés, alors ces trois fermés ont au moins un point d'intersection.

Commentaires. La méthode de démonstration se généralise sans encombre et on démontre que toute application continue d'un simplexe de dimension n (i.e. l'enveloppe convexe de $n + 1$ points affinement indépendants dans l'espace affine de dimension n) dans lui-même admet un point fixe. Il en est donc de même quand on remplace le simplexe par un ensemble qui lui est homéomorphe, i.e. tel qu'il existe une bijection bicontinue entre les deux ensembles. Par exemple une sphère.

Exercice 24
Matrices de Householder

1. On va exprimer que M est définie positive en tenant compte de la décomposition par blocs. Soit donc un vecteur Z quelconque de $\mathbb{C}^n$, écrit par blocs $(1, n-1)$, on a :

$$Z^*MZ = \begin{pmatrix} \bar{z} & Z'^* \end{pmatrix} \begin{pmatrix} d & V^* \\ V & N \end{pmatrix} \begin{pmatrix} z \\ Z' \end{pmatrix} = d|z|^2 + \bar{z}V^*Z' + zZ'^*V + Z'^*NZ'$$

et, en posant $b = V^*Z'$ (c'est un complexe égal au produit hermitien de V par Z' et en particulier $\bar{b} = b^* = Z'^*V$) et $c = Z'^*NZ'$ (c'est aussi un complexe), on a $Z^*MZ = d|z|^2 + (b\bar{z} + \bar{b}z) + c$.

Quand $Z' = 0$, cette expression vaut $d|z|^2$; en conséquence si M est définie positive, on doit avoir $d > 0$. Alors on peut écrire le trinôme en z sous sa forme canonique

$$\begin{aligned} d|z|^2 + (b\bar{z} + \bar{b}z) + c &= d\left(z + \frac{b}{d}\right)\left(\bar{z} + \frac{\bar{b}}{d}\right) - \frac{|b|^2}{d} + c \\ &= d\left(\left|z + \frac{b}{d}\right|^2 + \frac{dc - |b|^2}{d^2}\right). \end{aligned}$$

Pour que cette expression soit strictement positive pour tout Z non nul, en particulier quand Z' est non nul et que $z = -b/d$, on doit avoir $dc - |b|^2 > 0$. Réciproquement si d et $dc - |b|^2$ sont strictement positifs dès que Z' est non nul, alors Z^*MZ est strictement positif si Z' est non nul (car $d > 0$ et $dc - |b|^2 > 0$) et aussi si Z' est nul mais pas z (car $d > 0$). Pour finir M est définie positive si et seulement si $d > 0$ et

$$0 < dc - |b|^2 = dZ'^*NZ' - Z'^*V.V^*Z' = Z'^*(dN - VV^*)Z'$$

dès que Z' est non nul. Autrement dit M est définie positive si et seulement si $d > 0$ et $dN - VV^*$ est définie positive.

2. C'est une récurrence immédiate, en tenant compte du fait qu'une matrice scalaire est définie positive si et seulement si ce scalaire est strictement positif.

3. On effectue des opérations élémentaires sur les colonnes de M et on obtient :

$$\begin{aligned}
\det(M) &= \det(M_1) \\
&= \begin{vmatrix} d_1 & V_1^* \\ V_1 & N_1 \end{vmatrix} \\
&= d_1^{1-n} \begin{vmatrix} d_1 & d_1 V_1^* \\ V_1 & d_1 N_1 \end{vmatrix} \\
&= d_1^{1-n} \begin{vmatrix} d_1 & 0 \\ V_1 & d_1 N_1 - V_1 V_1^* \end{vmatrix} \\
&= d_1^{1-n} \begin{vmatrix} d_1 & 0 \\ V_1 & M_2 \end{vmatrix} \\
&= d_1^{2-n} \det(M_2) .
\end{aligned}$$

On obtient immédiatement par récurrence la formule recherchée puisque le n apparaît en tant que dimension de M : en fait $\det(M_k) = d_k^{2-n_k} \det(M_{k+1})$ où n_k est la dimension de M_k, i.e. $n + 1 - k$.

Remarque : pour $n = 2$, on a en fait $\det(M_1) = \det(M_2) = d_2$. Si d_k est nul, on a $M_{k+1} = -V_k V_k^*$. En particulier V_k peut être vu comme un vecteur (colonne) de $\mathbb{C}^{n-k}$, autrement dit V_k^* est une forme linéaire sur $\mathbb{C}^{n-k}$. Il existe donc au moins un vecteur non nul dans son noyau, disons X. C'est-à-dire qu'il existe $X \in \mathbb{C}^{n-k}$ tel que $V_k^* X = 0$. Mais alors $M_{k+1} X = -V_k V_k^* X = 0$ et donc $\det(M_{k+1}) = 0$. Pour finir, si l'un des d_k est nul, le déterminant de M est nul et sinon on a la formule donnée par l'énoncé.

Commentaires. De façon sous-jacente, ce sont les matrices de Householder qui apparaissent dans cet énoncé. Ce sont des matrices de symétrie orthogonale (pour le produit hermitien canonique de $\mathbb{C}^n$) par rapport à un hyperplan P, donc de la forme, pour un vecteur colonne v,

$$H(v) = Id - 2 \frac{vv^*}{v^* v}$$

où v est un vecteur non nul orthogonal à P. On remarquera que vv^* est une matrice carrée d'ordre n alors que $v^* v$ est un scalaire (c'est le carré de la norme hermitienne de v). Les matrices $H(v)$ ont l'intéressante propriété d'être à la fois hermitiennes et unitaires.

On peut se servir de ces matrices pour triangulariser une matrice quelconque (à coefficients complexes bien entendu) et obtenir une décomposition de la forme UT où U est unitaire et T triangulaire à diagonale positive. Si la matrice est réelle et triangularisable, on obtient une décomposition de la forme OT avec O orthogonale. La méthode de triangularisation est celle de la démonstration de l'exercice : on fait une récurrence sur k en choisissant v de la sorte que s'annule ce qui est en dessous de la diagonale sur la k^{eme} colonne. Elle a l'avantage sur la méthode du pivot de Gauß d'être plus stable, même si elle prend en moyenne un tiers de temps en plus.

La même méthode permet de passer d'une matrice symétrique quelconque à une matrice tridiagonale (seuls les coefficients sur, au-dessus ou au-dessous de la diagonale peuvent être non nuls). Cela donne naissance à une très intéressante méthode de recherche des valeurs propres, dite de Givens-Householder. Soit

$$B = \begin{pmatrix} b_1 & c_1 & & & & \\ c_1 & b_2 & c_2 & & & \\ & c_2 & \ddots & \ddots & & \\ & & \ddots & \ddots & c_{n-1} & \\ & & & c_{n-1} & b_n \end{pmatrix}.$$

On peut supposer tous les c_i non nuls, sinon la matrice B se découpe en blocs. On note B_k la matrice extraite de B en ne retenant que les k premières lignes et colonnes.

Définissons par récurrence les polynômes suivants :
- $P_0 = 1$
- $P_1(X) = b_1 - X$
- $P_k(X) = (b_k - X)P_{k-1}(X) - c_{k-1}^2 P_{k-2}(X)$ pour $k \geq 2$.

On a alors

1. $P_k(X) = \det(B_k - X Id)$ est le polynôme caractéristique de B_k
2. Tous les P_k tendent vers $+\infty$ en $-\infty$
3. Si x est une racine de P_k, alors $P_{k-1}(x)P_{k+1}(x) < 0$
4. P_k a k racines réelles toutes distinctes, séparant celles de P_{k+1} ou encore, entre deux racines de P_{k+1}, il y a toujours une unique racine de P_k.

Ces résultats se démontrent de façon élémentaire par récurrence. Ces propriétés permettent de localiser les valeurs propres (i.e. les racines de P_n) de façon très simple. En effet, pour un réel x, on définit $s_k(x)$ comme le signe de $P_k(x)$ si ce nombre est non nul et, s'il est nul, alors $P_{k-1}(x)$ est non nul et $s_k(x)$ est son signe.

On note $N_k(x)$ le nombre de changements de signe dans la séquence

$$s_0(x), s_1(x), \ldots, s_k(x) .$$

Alors $N_k(x)$ est égal au nombre de racines de P_k qui sont inférieures à x. Ce résultat est connu sous le nom de théorème de Sturm. Sa démonstration est aussi tout à fait élémentaire.

Par contre il est très rapide de calculer des signes par ordinateur (plus rapide en tout cas que de calculer des valeurs exactes) et une dichotomie permet de localiser les endroits où N_k a des sauts, i.e. les racines de P_k.

Exercice 25
Déterminants de Vandermonde lacunaires

1. On raisonne par récurrence sur k. L'hypothèse de récurrence est la suivante (pour $k \geq 1$) : tout polynôme P ayant exactement k monômes non nuls admet au plus $2k - 1$ racines sur $\mathbb{R}$ réparties en au plus $k - 1$ dans $\mathbb{R}_+^*$ et dans $\mathbb{R}_-^*$ respectivement.

Pour $k = 1$, $P(X) = aX^n$ admet une seule racine en zéro si $n \geq 1$ et n'a aucune racine sinon.

Supposons l'hypothèse vraie au rang k et écrivons P sous la forme de monômes de degrés croissants :

$$P(X) = \sum_{i=0}^{k} a_i X^{n_i} \quad \text{avec} \quad n_0 < n_1 < \ldots < n_k \; .$$

On a $P(X) = X^{n_0} Q(X)$ avec $Q(X) = \sum_{i=0}^{k} a_i X^{n_i - n_0}$. Tout revient donc à montrer que Q a au plus k zéros dans $\mathbb{R}_+^*$ et dans $\mathbb{R}_-^*$ respectivement. Mais si Q a p racines dans $\mathbb{R}_+^*$ (ou dans $\mathbb{R}_-^*$), le théorème de Rolle montre que Q' en a au moins $p-1$ toujours dans $\mathbb{R}_+^*$ (ou dans $\mathbb{R}_-^*$). Par application de l'hypothèse de récurrence, il en résulte que $p \leq k$.

2. On raisonne encore par récurrence sur k. Pour $k = 1$ on a $x_1^{n_1} > 0$. Considérons maintenant le déterminant comme un polynôme en x_k. Autrement dit, posons

$$P(X) = \begin{vmatrix} x_1^{n_1} & \cdots & x_{k-1}^{n_1} & X^{n_1} \\ \vdots & \ddots & \vdots & \vdots \\ x_1^{n_k} & \cdots & x_{k-1}^{n_k} & X^{n_k} \end{vmatrix} .$$

P est un polynôme ayant au plus k monômes non nuls et admet donc au plus $k - 1$ racines strictement positives. Manifestement x_i pour $1 \leq i \leq k - 1$ est racine de P ; ce sont donc les seules racines strictement positives de P. Comme x_k est strictement supérieur à la plus grande de ces racines, $P(x_k)$ est non nul et est du signe du coefficient dominant de P. Par application de l'hypothèse de récurrence, ce coefficient est strictement positif et donc $P(x_k)$ l'est aussi.

Commentaires. On voit toute la force du théorème de Rolle si particulier à l'analyse réelle. Pour s'en convaincre encore, on pourra se reporter à l'exercice 21.

Exercice 26
Caractérisation des fractions rationnelles

1. f est une fraction rationnelle si et seulement s'il existe deux polynômes P et Q (à coefficients réels) tels que $Q(X)f(X) = P(X)$. Si $Q(X) = \sum_{j=0}^{k} b_j X^j$, le coefficient de X^{s+k} dans Qf (pour $s \geq 0$) est $\sum_{i=0}^{k} a_{s+i} b_{k-i}$. Donc « Qf est un polynôme » s'écrit

$$\exists s_0 \in \mathbb{N} \quad \forall s \in \mathbb{N} \quad s \geq s_0 \Rightarrow \sum_{i=0}^{k} a_{s+i} b_{k-i} = 0 \ .$$

En particulier, pour $s \geq s_0$, les vecteurs

$$w_{s,k} = \begin{pmatrix} a_s \\ \vdots \\ a_{s+k} \end{pmatrix} \quad \cdots \quad w_{s+k,k} = \begin{pmatrix} a_{s+k} \\ \vdots \\ a_{s+2k} \end{pmatrix}$$

appatiennent à l'hyperplan de $\mathbb{R}^{k+1}$ d'équation $\sum_{i=0}^{k} b_{k-i} x_i = 0$ et sont donc liés ; il en résulte que $A_{s,k} = 0$.

Remarque : il est équivalent de dire que f est une fraction rationnelle et que ses coefficients vérifient une relation de récurrence linéaire (celle donnée par les coefficients de Q). L'assertion sur le déterminant est donc nécessaire. Le sel de ce problème est de prouver que la relation ne dépend pas de k sous les hypothèses de l'énoncé.

2. Supposons au contraire que $(\phi(v_i))_{2 \leq i \leq n}$ est libre, alors $(\phi(v_i))_{2 \leq i \leq n-1}$ l'est aussi et donc l'hypothèse que $(\phi(v_i))_{1 \leq i \leq n-1}$ est liée impose

$$\phi(v_1) \in \text{Vect}(\phi(v_2), \ldots, \phi(v_{n-1})) \ .$$

On se donne maintenant une relation de dépendance non triviale entre les v_i pour $1 \leq i \leq n$:

$$\sum_{i=1}^{n} a_i v_i = 0 \ .$$

On a alors

$$-a_n \phi(v_n) = \sum_{i=1}^{n-1} a_i \phi(v_i) \in \text{Vect}(\phi(v_2), \ldots, \phi(v_{n-1}))$$

et donc a_n doit être nul puisque $(\phi(v_i))_{2 \leq i \leq n}$ est libre. Mais alors $\sum_{i=1}^{n-1} a_i v_i = 0$ et donc $\sum_{i=1}^{n-1} a_i \psi(v_i) = 0$ ou encore $\sum_{i=2}^{n} a_{i-1} \phi(v_i) = 0$, ce qui est une contradiction.

3. Soit k minimal pour la propriété qu'il existe un entier s_0 tel que, pour s supérieur à s_0, on ait $A_{s,k} = 0$. On choisit un s_0 pour lequel la propriété est vraie et il s'agit de démontrer l'existence de Q, autrement dit que les vecteurs $(w_{s,k}, \ldots, w_{s+k,k})$ sont liés par une relation de dépendance qui ne dépend pas de s (pourvu qu'il soit supérieur à s_0). On introduit $E_{s,k} = \text{Vect}(w_{s,k}, \ldots, w_{s+k-1,k})$ et $F_{s,k} = E_{s,k} + \mathbb{R}w_{s+k,k}$; ce sont des sous-espaces de $\mathbb{R}^{k+1}$. On sait que $F_{s,k}$ est de dimension inférieure à k et on va montrer que $E_{s,k}$ est de dimension exactement égale à k.

Introduisons ϕ et ψ de $\mathbb{R}^{k+1}$ dans $\mathbb{R}^k$ tels que

$$\phi(x_0, \ldots, x_k) = (x_0, \ldots, x_{k-1})$$

et

$$\psi(x_0, \ldots, x_k) = (x_1, \ldots, x_k).$$

En particulier $\phi(w_{s,k}) = w_{s,k-1}$ et $\psi(w_{s,k}) = w_{s+1,k-1}$.

La famille $(w_{s,k}, \ldots, w_{s+k,k})$ est liée pour tout s. Et si, pour un certain s, $\dim(E_{s,k}) < k$, c'est que la famille $(w_{s,k}, \ldots, w_{s+k-1,k})$ est liée. La famille $(\phi(w_{s,k}), \ldots, \phi(w_{s+k-1,k}))$ est donc également liée.

D'après ce qui précède, la famille $(\phi(w_{s+1,k}), \ldots, \phi(w_{s+k,k}))$ est liée, c'est-à-dire que $(w_{s+1,k-1}, \ldots, w_{s+k,k-1})$ est liée.

Comme la famille $(w_{s+1,k}, \ldots, w_{s+k+1,k})$ est liée, on peut itérer le raisonnement et donc $(w_{s+2,k-1}, \ldots, w_{s+k+1,k-1})$ est liée. Il en résulte que $A_{s+l,k-1} = 0$ pour tout entier naturel l. Et cela est une contradiction sur la minimalité de k.

Il en résulte que $E_{s,k}$ est de dimension k pour tout $s \geq s_0$. A fortiori $F_{s,k}$ est de dimension k. Comme $E_{s,k}$ et $E_{s+1,k}$ sont deux sous-espaces de dimension k d'un même espace de dimension k (à savoir $F_{s,k}$), ils sont égaux. Autrement dit tous les $E_{s,k}$ sont égaux pour $s \geq s_0$ et en particulier il existe une forme linéaire non nulle u de $\mathbb{R}^{k+1}$ dans $\mathbb{R}$ qui s'annule sur tous les $E_{s,k}$, donc sur tous les $w_{s,k}$. Si on l'écrit $u(x_0, \ldots, x_k) = \sum_{i=0}^{k} b_{k-i} x_i$, cela veut exactement dire que $\sum_{i=0}^{k} b_{k-i} a_{s+i} = 0$ pour $s \geq s_0$ ou encore que $\sum_{i=0}^{k} b_i X^i f(X)$ est un polynôme.

Commentaires. Sous cette forme, ce résultat a été exploité par Dwork en 1960 pour montrer la rationalité de la fonction ζ associée à une variété algébrique sur un corps fini. Expliquons un peu de quoi il retourne !

Soit K un corps fini à p éléments pour un certain nombre premier p. On se donne une variété algébrique V sur K, c'est-à-dire l'ensemble des zéros de fonctions polynomiales (en un nombre donné de variables) à coefficients dans K. Par exemple le plan K^2 (pour la fonction nulle), une droite du plan (pour $P = ax + by + c$), une conique etc.

Comme un polynôme à coefficients dans K est aussi à coefficients dans tout corps L contenant K, on peut regarder « les points de V sur L », i.e. l'ensemble des zéros des fonctions définissant V mais pour des variables dans L. Il se trouve que pour toute puissance p^n du nombre premier p il existe un unique corps K_n (à isomorphisme près) qui a p^n éléments et qui contient K. On peut donc noter N_n le nombre de points de V sur K_n et introduire la fonction ζ_V définie par

$$\zeta_V(t) = \exp\left(\sum_{n=1}^{+\infty} N_n \frac{t^n}{n}\right).$$

Connaître cette fonction ζ_V, c'est connaître le nombre de points de V sur tous les K_n. Il se trouve que cette fonction est en fait une fraction rationnelle.

Si par exemple V est une droite, V a autant de points que le corps de base et donc $N_n = p^n$. Il en résulte

$$\zeta_V(t) = \exp\left(\sum_{n=1}^{+\infty} \frac{p^n t^n}{n}\right) = \exp\left(-\log(1-pt)\right) = \frac{1}{1-pt}.$$

De même pour le plan, on trouve

$$\zeta_V(t) = \frac{1}{1-p^2 t}.$$

Cette fonction a encore bien d'autres propriétés et est un thème de recherche privilégié en géométrie et en théorie des nombres.

Exercice 27
Le théorème de Banach-Steinhaus

Pour $T \in L$, on peut toujours trouver un vecteur x_T de norme 1 et tel que $\|T(x_T)\| \geq \|\|T\|\|/2$. Si $(T_n)_{n \in \mathbb{N}}$ est une suite arbitraire d'éléments de L, la série

$$\sum_{n=0}^{\infty} \frac{x_{T_n}}{4^n}$$

est normalement convergente, donc convergente puisque E est complet. Soit x la somme de cette série. On a alors

$$\begin{aligned}
\|T_n(x)\| &= \left\| T_n \left(\sum_{k=0}^{\infty} \frac{x_{T_k}}{4^k} \right) \right\| \\
&\geq \left\| T_n \left(\frac{x_{T_n}}{4^n} \right) \right\| - \left\| T_n \left(\sum_{k=0}^{n-1} \frac{x_{T_k}}{4^k} \right) \right\| - \left\| T_n \left(\sum_{k=n+1}^{\infty} \frac{x_{T_k}}{4^k} \right) \right\| \\
&\geq \frac{\|\|T_n\|\|}{2 \cdot 4^n} - \left\| T_n \left(\sum_{k=0}^{n-1} \frac{x_{T_k}}{4^k} \right) \right\| - \|\|T_n\|\| \cdot \left\| \sum_{k=n+1}^{\infty} \frac{x_{T_k}}{4^k} \right\| \\
&\geq \|\|T_n\|\| \left(\frac{1}{2 \cdot 4^n} - \sum_{k=n+1}^{\infty} \frac{1}{4^k} \right) - \sup_{T \in L} \left\| T \left(\sum_{k=0}^{n-1} \frac{x_{T_k}}{4^k} \right) \right\| \\
&\geq \frac{\|\|T_n\|\|}{6 \cdot 4^n} - \sup_{T \in L} \left\| T \left(\sum_{k=0}^{n-1} \frac{x_{T_k}}{4^k} \right) \right\|.
\end{aligned}$$

Supposons donc que L n'est pas bornée. Choisissons alors arbitrairement un T_0 dans L ainsi qu'un x_{T_0} dans E de norme 1 vérifiant $\|T_0(x_{T_0})\| \geq \|\|T_0\|\|/2$. On peut construire par récurrence une suite (T_n, x_{T_n}) telle que

1. $T_n \in L$ et
$$\|\|T_n\|\| \geq 6 \cdot 4^n \left(n + \sup_{T \in L} \left\| T \left(\sum_{k=0}^{n-1} \frac{x_{T_k}}{4^k} \right) \right\| \right)$$

2. x_{T_n} est un vecteur de E de norme 1 et vérifie
$$\|T_n(x_{T_n})\| \geq \frac{\|\|T_n\|\|}{2}.$$

La seconde propriété est toujours réalisable par définition même de la norme d'opérateurs ainsi qu'on l'a déjà remarqué. La première est réalisable d'une part parce que le sup est bien fini par hypothèse et d'autre part parce que L n'est pas bornée. Mais alors, d'après les calculs précédents, pour tout n on a $\|T_n(x)\| \geq n$ ce qui constitue une contradiction puisqu'alors

$$\sup_{T \in L} \|T(x)\| = +\infty.$$

Commentaires. Cette démonstration est due à Hausdorff. Remarquons que l'on n'utilise pas la complétude de F. La démonstration désormais classique de ce résultat passe par le théorème de Baire.

Rappelons la méthode. Soit X un espace métrique complet (par exemple un espace vectoriel normé complet). On se donne des fermés X_n d'intérieur vide (c'est-à-dire ne contenant aucune boule ouverte). Le théorème de Baire affirme qu'alors leur réunion est également d'intérieur vide.

Il suffit en effet, en passant aux complémentaires, de démontrer qu'une intersection d'ouverts denses U_n est également dense. Soit U un ouvert non vide de X, on veut donc voir qu'il rencontre l'intersection des U_n. Notons $B(x,r)$ la boule ouverte de centre x et de rayon r.

On choisit x_0 dans U et $r_0 > 0$ arbitraire tel que la boule fermée de centre x_0 et de rayon r_0 soit incluse dans U. C'est possible parce que U est ouvert.

Soit ensuite x_1 appartenant à $B(x_0, r_0)$ et à U_1. C'est possible car U_1 est dense. On choisit r_1 inférieur à $r_0/2$ tel que la boule fermée de centre x_1 et de rayon r_1 soit incluse dans $B(x_0, r_0) \cap U_1$. C'est possible car $B(x_0, r_0)$ et U_1 sont ouverts (et donc leur intersection aussi).

On suppose construits x_n et r_n et on trouve x_{n+1} dans $B(x_n, r_n)$ et dans U_{n+1} (c'est possible parce que U_{n+1} est dense). On choisit alors r_{n+1} inférieur à $r_n/2$ tel que la boule fermée de centre x_{n+1} et de rayon r_{n+1} soit incluse dans $B(x_n, r_n)$ et U_{n+1}, ce qui est possible puisque ce sont des ouverts.

En particulier x_{n+p} appartient à $B(x_n, r_n)$ pour tout entier p et tout entier n. En conséquence, la suite x_n est de Cauchy et sa limite appartient à toutes les boules fermées centrées en x_n et de rayon r_n, donc à tous les U_n et à U. Il en résulte que cette limite est le point que l'on cherchait.

Une fois cela acquis, on prend $X = E$ et pour X_n l'ensemble des x de E tels que, pour tout T dans L, on ait $\|T(x)\| \leq n$. C'est bien un fermé en tant qu'intersection de fermés. L'hypothèse de l'exercice entraîne que E est la réunion de tous ces X_n. Comme E n'est pas d'intérieur vide, l'un des X_n ne l'est pas non plus. Soit $B(x, r)$ une boule incluse dans X_n. On a donc, pour tout T dans L et tout y de norme inférieure à 1

$$x + ry \in X_n \quad \text{et donc} \quad \|T(x + ry)\| \leq n.$$

On a donc

$$\|T(y)\| \leq \frac{n + \|T(x)\|}{r}$$

d'où

$$\|\|T\|\| \leq \frac{n + \|T(x)\|}{r}$$

et, en prenant le *sup* sur L,

$$\sup_{T \in L} \|\|T\|\| \leq \frac{n + \sup_{T \in L} \|T(x)\|}{r} < +\infty.$$

Pour d'autres développements on pourra consulter Haïm Brézis, *Analyse fonctionnelle*, paru chez Masson.

Exercice 28
Caractères de $C(\mathcal{K}, \mathbb{R})$

L'application nulle convient évidemment. On va donc étudier le cas où χ n'est pas nul.

Soit 1_K la fonction identiquement égale à 1 sur K, c'est évidemment une fonction de E. Soit f telle que $\chi(f) \neq 0$, on a alors

$$\chi(f) = \chi(1_K \cdot f) = \chi(1_K)\chi(f)$$

et donc

$$\chi(1_K) = 1 \ .$$

Avant de poursuivre on va étudier un ou deux cas élémentaires. Si K est réduit à un point x, on a $E \simeq \mathbb{R}$ et les formes linéaires sur E sont juste les applications de la forme $f \mapsto \alpha f(x)$, pour un scalaire α. La multiplicativité montre que $\alpha^2 = \alpha$ et donc soit χ est nul, soit $\chi(f) = f(x)$.

Si maintenant K est formé de deux points (distincts) x et y, on a $E \simeq \mathbb{R}^2$ et les formes linéaires sur E sont les applications de la forme

$$f \mapsto \alpha f(x) + \beta f(y)$$

pour deux scalaires α et β. La multiplicativité s'écrit

$$\alpha^2 = \alpha \qquad \alpha\beta = 0 \qquad \beta^2 = \beta$$

et donc soit χ est nul, soit $\chi(f)$ est l'évaluation de f en x ou en y.

Il est clair que si K est fini on obtient le même résultat, à savoir soit χ est nul, soit il existe x dans K tel que

$$\forall f \in E \qquad \chi(f) = f(x) \ .$$

On va essayer de généraliser cela à K quelconque. On commence par montrer qu'il existe un point x de K tel que, si $\chi(f) = 0$ alors $f(x) = 0$.

Dans le cas contraire, pour tout point x de K, on pourrait trouver une fonction f_x dans E telle que $\chi(f_x) = 0$ mais $f_x(x) \neq 0$. Comme f_x est continue, il existe un ouvert U_x de K contenant x et tel que f_x ne s'annule pas sur U_x. Par conséquent f_x est une fonction telle que $\chi(f_x) = 0$ mais $f_x(y) \neq 0$ pour tout y dans U_x.

On va maintenant (il le faut bien!) utiliser la compacité de K. Comme K est trivialement la réunion de tous les ouverts U_x pour x variant dans K, il est en fait égal à la réunion d'un nombre fini d'entre eux, disons

$$K = \bigcup_{i=1}^{n} U_{x_i} \ .$$

L'idée est maintenant, puisqu'aucune des f_{x_i} ne s'annule sur un certain ouvert et que la réunion de ces ouverts est tout K, de reconstruire 1_K à partir de ces fonctions, mais comme $\chi(f_{x_i})$ est nul pour tout i, cela imposerait $\chi(1_K) = 0$ et donc χ serait nul.

Remarquons tout d'abord que la fonction

$$f = \sum_{i=1}^{n} f_{x_i}^2$$

est une fonction positive et qu'elle ne s'annule en aucun point de K puisque, pour x dans U_{x_i}, on a

$$f(x) \geq f_{x_i}(x)^2 > 0$$

et que tout x de K appartient à au moins l'un des U_{x_i}.

Il en résulte que $1/f$ est partout définie sur K et y est donc continue. Autrement dit $1/f$ appartient à E. Soit maintenant g_i la fonction f_{x_i}/f ; on a

$$\sum_{i=1}^{n} g_i f_{x_i} = 1_K$$

et donc, par linéarité et multiplicativité de χ, on a

$$\chi(1_K) = \sum_{i=1}^{n} \chi(g_i)\chi(f_{x_i}) = 0 .$$

Ce qui est la contradiction annoncée.

Il existe donc au moins un point x de K tel que $f(x)$ est nul dès que $\chi(f)$ l'est. Soit g une fonction quelconque dans E, on a

$$\chi(g - \chi(g)1_K) = \chi(g) - \chi(g)\chi(1_K) = 0$$

et donc

$$0 = g(x) - \chi(g)1_K(x) = g(x) - \chi(g) .$$

Autrement dit χ est bien l'évaluation en x (en particulier le x choisi au hasard est en fait unique!).

Exercice 29
Théorème de Pascal généralisé

1. Si A est une matrice symétrique réelle 3 par 3 on lui associe la conique (C) définie par

$$\begin{pmatrix} x \\ y \end{pmatrix} \in (C) \Leftrightarrow {}^tX A_k X = 0 \quad \text{pour } X = \begin{pmatrix} x \\ y \\ 1 \end{pmatrix}.$$

Autrement dit (C) est la conique d'équation $\sum_{i,j} a_{ij} x^i y^j = 0$.

Considérons deux matrices symétriques réelles inversibles et non proportionnelles A et B et l'ensemble des matrices de la forme

$$S_{\lambda,\mu} = \lambda A + \mu B$$

pour λ et μ réels et les coniques associées C_A, C_B et $C_{\lambda,\mu}$. Par linéarité si un point appartient à C_A et C_B, il appartient à tous les $C_{\lambda,\mu}$. Si donc C_A et C_B se coupent en quatre points $(P_i)_{1 \le i \le 4}$, toutes les coniques $C_{\lambda,\mu}$ passent par ces quatre points.

Montrons la réciproque, à savoir que si une conique passe par ces quatre points, elle est de la forme $C_{\lambda,\mu}$. Puisque les coniques ne sont pas dégénérées, trois des P_i ne sont jamais alignés et on peut se mettre dans un repère où P_1 est l'origine, $P_2 = (1,0)$, $P_3 = (0,1)$ et $P_4 = (x,y)$. Les matrices A et B sont transformées en $A' = {}^tRAR$ et $B' = {}^tRBR$ pour une certaine matrice R (non nécessairement orthogonale), et donc $S_{\lambda,\mu}$ est transformée en $S'_{\lambda,\mu} = {}^tR S_{\lambda,\mu} R$.

Soit $M = (m_{i,j})_{1 \le i,j \le 3}$ une matrice symétrique réelle quelconque et C_M la conique associée (dans le repère que l'on vient de choisir), on a

$$\begin{aligned} P_1 \in C_M &\Leftrightarrow m_{33} = 0 \\ P_2 \in C_M &\Leftrightarrow m_{11} + 2m_{13} + m_{33} = 0 \\ P_3 \in C_M &\Leftrightarrow m_{22} + 2m_{23} + m_{33} = 0 \end{aligned}$$

d'où $m_{33} = 0$, $2m_{13} = -m_{11}$ et $2m_{23} = -m_{22}$. Et donc

$$P_4 \in C_M \Leftrightarrow m_{11}(x^2 - x) + m_{22}(y^2 - y) + 2m_{12} xy = 0.$$

Remarquons que xy n'est pas nul sinon P_4 serait aligné soit avec P_1 et P_2, soit avec P_1 et P_3. Il en résulte que M est donnée par m_{11} et m_{22} arbitraires et les autres coefficients sont déterminés par les équations précédentes. M appartient donc à un sous-espace vectoriel de $M_3(\mathbb{R})$ de dimension 2. Comme A' et B' ne sont pas proportionnelles et appartiennent à ce sous-espace vectoriel, elles en forment une base et donc M est bien de la forme $S'_{\lambda,\mu}$.

En résumé si deux coniques se coupent en quatre points, les coniques qui passent par leurs points d'intersection forment un « faisceau de coniques », c'est-à-dire que les équations qui les définissent sont combinaisons linéaires des équations des deux coniques. En poursuivant le raisonnement on peut montrer que, étant donné quatre points quelconques du plan, non alignés trois à trois, l'ensemble des coniques qui passent par ces quatre points a la même forme que précédemment, i.e. les sextuplets que sont leurs coefficients sont dans un plan de $\mathbb{R}^6$.

2. Soit maintenant des équations des coniques (C_k) ainsi que des droites (PQ) et (P_kQ_k) pour $1 \leq k \leq 3$, disons $\Gamma_k(x,y) = 0$, $f(x,y) = 0$ et $f_k(x,y) = 0$ où Γ_k est un polynôme du second degré et f et les f_k sont des polynômes du premier degré. L'équation du second degré donnée par $f(x,y)f_k(x,y) = 0$ est l'équation d'une conique (dégénérée) passant par les quatre points P, Q, P_k et Q_k, il existe donc λ_k et μ_k tels que

$$f.f_1 = \lambda_1 \Gamma_2 + \mu_1 \Gamma_3$$
$$f.f_2 = \lambda_2 \Gamma_3 + \mu_2 \Gamma_1$$
$$f.f_3 = \lambda_3 \Gamma_1 + \mu_3 \Gamma_2 \, .$$

Comme les coniques C_k ne sont pas dégénérées, aucun des réels λ_k et μ_k n'est nul. L'équation

$$f(\lambda_2 f_1 - \mu_1 f_2) = 0$$

est l'équation d'une conique dégénérée (puisqu'elle contient la droite (PQ)) et est de la forme

$$\lambda \Gamma_1 + \mu \Gamma_2 \, .$$

C'est donc une conique dégénérée passant par P, Q, P_3 et Q_3, et contenant la droite (PQ); c'est donc la conique dégénérée réunion de (PQ) et (P_3Q_3). Il en résulte qu'il existe un scalaire non nul ν tel que

$$f(\lambda_2 f_1 - \mu_1 f_2) = \nu f.f_3$$

et donc

$$\lambda_2 f_1 - \mu_1 f_2 = \nu f_3 \, .$$

Soit maintenant N le point d'intersection de D_1 et D_2. Il est défini par $f_1 = f_2 = 0$ et il vérifie donc $f_3 = 0$, autrement dit N appartient à D_3 et les trois droites D_1, D_2 et D_3 sont concourantes.

Remarque : si on fait dégénérer deux des coniques en deux paires de droites, on retrouve le fameux théorème de Pascal (ou *hexagramma mysticum*) : si un hexagone est inscrit dans une conique, disons $(ABCA'B'C')$, les points $(AB') \cap (A'B)$, $(BC') \cap (B'C)$ et $(CA') \cap (C'A)$ sont alignés.

Commentaires. Outre l'importance de se rappeler qu'une conique est ainsi nommée car elle est l'intersection d'un cône du second degré (le cône isotrope de la forme quadratique associée à A) avec un plan, cet exercice met en action la notion de faisceau. Les coniques qui passent par 4 points du plan (non alignés trois à trois) forment un faisceau linéaire de coniques, c'est-à-dire que les coefficients de leurs équations appartiennent à un espace vectoriel de dimension 2. Il faut noter que des coefficients proportionnels (par un scalaire non nul) définissent en fait la même conique et on a bien un objet de dimension 1. On trouvera une autre utilisation remarquable de la notion de faisceau dans l'exercice 2 sur la résolution des équations de degré 4.

L'analogue pour les droites est la notion de faisceau de droites qui est tout simplement défini par l'ensemble des droites qui passent par un point donné (ou bien qui sont parallèles à une direction donnée). C'est exactement l'ensemble des droites dont les coefficients sont un espace vectoriel de dimension 2 (on a encore l'identification des droites de coefficients proportionnels).

Une dernière remarque : les coefficients appartiennent à un espace vectoriel de dimension 2, mais ne sont pas tous nuls. Le fait de les considérer à multiplication par un scalaire non nul près revient en fait à considérer l'ensemble des droites vectorielles d'un espace vectoriel de dimension 2. C'est ce qu'on appelle la droite projective et on peut l'identifier à une droite à laquelle on a rajouté un « point à l'infini ». En effet une droite vectorielle du plan est donnée par sa pente, si celle-ci est finie, et il n'y a qu'une seule droite de pente infinie. On a donc une bijection entre l'ensemble des droites vectorielles du plan et l'ensemble des pentes (qui forme une droite) auquel on a rajouté l'infini. Toutes ces remarques sont le départ de la géométrie projective qui est un outil particulièrement puissant, notamment parce qu'il rend l'espace ambiant compact (la droite projective est compacte, contrairement à une droite vectorielle réelle) avec toutes les conséquences que cela a, par exemple que tout couple de droites distinctes du plan projectif ont exactement un point d'intersection ...

On pourra consulter Jean Fresnel, *Méthodes modernes en géométrie*, paru chez Hermann, Lebossé Hémery, *Géométrie*, paru chez Gabay ou Sortais, *La géométrie du plan et de l'espace*, paru chez Hermann.

Chapitre 4
Solutions du problème et des compléments

Le problème porte sur un porisme connu sous le nom de « grand théorème de Poncelet » du nom du géomètre français Jean-Victor Poncelet (1788–1867). Dans son « Traité sur les propriétés projectives des figures » (1822), J.-V. Poncelet démontre que, étant donné deux coniques et un point sur la première, le fait de pouvoir construire un polygone inscrit dans la première et circonscrit à la seconde passant par le point donné est indépendant du point choisi. Ce fait ne dépend donc que des deux coniques (c'est cela un porisme). La démonstration qu'il donne est du domaine de la géométrie projective et n'est donc pas celle suivie par le problème.

Aperçu historique. La première partie traite des fonctions elliptiques de Jacobi. Celles-ci ont été découvertes par Carl Friedrich Gauss le 8 Janvier 1797 en vue de résoudre des problèmes liés au lemniscate (essentiellement sa rectification, i.e. le calcul de

$$\int_0^1 \frac{dt}{\sqrt{1-t^4}}.$$

Leurs propriétés ont été publiées pour la première fois, indépendamment, par Niels Henrik Abel et Carl Gustav Jacob Jacobi en 1827. Le but de cette partie était de trouver les formules d'addition pour les fonctions sinus et cosinus elliptiques. Les deux méthodes utilisées sont celles originellement données par N. Abel dans son « Mémoire sur les fonctions elliptiques ».

La deuxième partie donne la démonstration du porisme dans le cas des cercles et calcule explicitement la condition de fermeture dans les cas du triangle et du quadrangle. Cette démonstration est celle de C. Jacobi. Les formules, quant à elles, étaient connues depuis Nicolaus Füss (1797), même si la formule pour le triangle est attribuée à Leonhard Euler par certains auteurs. Des formules pour un polygone général ont été obtenues par Arthur Cayley en 1861 et ont été réinterprétées depuis en termes de courbes elliptiques dans des travaux plus récents (1978).

La troisième partie ramène le cas des coniques à celui des cercles grâce à une méthode inventée et développée systématiquement par J-V. Poncelet dans son traité, celle des cordes idéales.

Commentaires. Le problème était plutôt technique et visait à s'assurer que les candidats savent calculer avec virtuosité, c'est-à-dire prendre les bonnes notations, faire des réductions quand c'est possible, trouver les bonnes méthodes d'approche etc. Calculer n'est pas un exercice où l'intelligence est superflue ! Il faut savoir ce que l'on calcule et comment on va s'y prendre. Un exemple criant est celui de la question II.1.a puisqu'on peut exprimer la tangence d'une droite à un cercle de bien des façons : de la plus adaptée au problème à la plus brutale (et souvent aussi la plus vaine), i.e. de l'expression de la distance du centre du cercle à la droite jusqu'au calcul de discriminant exprimant le point d'intersection double.

L'équation différentielle étudiée n'est pas écrite sous forme résolue ($y' = f(t,y)$) et il faut donc être vigilant en appliquant le théorème de Cauchy-Lipschitz. C'est une subtilité qu'il faut bien comprendre ... On pourra s'en convaincre en résolvant sur $\mathbb{R}$ l'équation pour $k = 0$, i.e. $\dot{y}^2 + y^2 = 1$ et $y'(0) = 1$. Il ne revient pas au même de résoudre $y' = \sqrt{1-y^2}$ (qui n'a pas de solution sur $\mathbb{R}$ puisque y est la fonction sinus, y' cosinus et que le cosinus n'est pas toujours positif sur $\mathbb{R}$).

La seconde question subtile est I.6.a.; en effet rien ne prouve *a priori* que sn atteigne la valeur 1 en un point u_0, d'une part, et qu'elle soit monotone sur $[0, u_0]$, d'autre part, comme il est nécessaire si l'on veut pouvoir écrire

$$\int_0^1 \frac{dt}{\sqrt{(1-t^2)(1-k^2t^2)}} = \int_0^{u_0} du = u_0$$

et donc $K = u_0$ et $sn(K) = 1$. Il faut donc être précis.

Dans la deuxième partie, la première question demande de réfléchir à la façon de se donner la droite $(P_\phi P_{\phi'})$ et surtout d'exprimer qu'elle est tangente au cercle (C'). L'écriture paramétrique $y = ax + b$ ou pire $(x,y) = (\alpha t + \beta, \alpha' t + \beta')$ avec un calcul de discriminant pour conclure est catastrophique : les calculs sont longs et nécessitent une certaine virtuosité dans la manipulation des formules trigonométriques. Par contre le calcul de la distance du centre du cercle à la droite se fait aisément. Ce fait est d'ailleurs révélé par la forme de l'équation demandée : la droite est tangente si et seulement si la distance du centre à la droite est r, le rayon du cercle, et c'est bien r qui intervient dans le membre de droite de l'équation.

Le reste de la partie II est élémentaire. Les questions II.2.d et II.2.e ne demandaient évidemment pas de calculer $cn(3u)$ et $cn(4u)$, mais d'utiliser le porisme pour faire les calculs dans un cas particulier. Le point $(R, 0)$ semble tout indiqué comme point de départ et on trouve alors $a^2 - R^2 = -2rR$ pour le triangle et $(R^2 - a^2)^2 = 2r^2(R^2 + a^2)$ pour le quadrangle. Le lecteur intéressé pourra calculer les conditions de fermeture pour des polygones à un nombre plus élevé de côtés. Par exemple pour l'hexagone, on trouve (comme Jacob Steiner l'avait déjà trouvé en 1827) :

$$3(R^2 - a^2)^4 = 4r^2(R^2 + a^2)(R^2 - a^2)^2 + 16r^4 a^2 R^2 \; .$$

La partie III était plus géométrique (au sens usuel) et ne posait pas de réelle difficulté. La méthode est celle de J-V. Poncelet : si $P + iQ$ est un point d'intersection complexe de 2 coniques (P et Q réels), J-V. Poncelet considère la « corde idéale » formée par le segment $[P - Q; P + Q]$. Le point utilisé comme sommet de la projection est alors sur le cercle perpendiculaire à cette corde, centré en son milieu et de diamètre la longueur de la corde.

Le lecteur intéressé pourra consulter les ouvrages suivants :

J-V. Poncelet, Traité sur les propriétés projectives des figures (1822)

N.H. Abel, Mémoire sur les fonctions elliptiques (1827)

C.G.J. Jacobi, Crelle's Journal 3 (1828), pages 376–389

A. Cayley, Philosophical transactions of the Royal Society of London 151 (1861), pages 225–239

P. Griffiths, Inventiones mathematicæ 35 (1976), pages 321–390

P. Griffiths & J. Harris, L'enseignement mathématique 24 (1978), pages 31–40

H. Bos, C. Kers, F. Oort & D. Raven, Expositiones mathematicæ 5 (1987), pages 289–364

***
Partie I

I.1 On va tout d'abord étudier l'équation différentielle

$$(E') \qquad y' = \sqrt{(1-y^2)(1-k^2y^2)} \quad \text{et} \quad y(0) = 0\,.$$

La fonction $t \mapsto \sqrt{(1-t^2)(1-k^2t^2)}$ est de classe C^1 en 0 et on peut donc appliquer le théorème de Cauchy-Lipschitz à (E'). Il existe un intervalle I ouvert contenant 0 et une fonction y de classe C^1 sur I vérifiant l'équation (E') sur tout I. Comme $y'(0) = 1$ et y' est continue au voisinage de 0, on peut supposer que I est suffisamment petit pour que y' ne s'annule pas sur I (ce qui est d'ailleurs équivalent à $|y(t)| < 1$ sur I) et, quitte à remplacer I par $I \cap -I$, centré en 0. Comme $t \mapsto \sqrt{(1-t^2)(1-k^2t^2)}$ est de classe C^1 sur $]-1;1[$, y est en fait de classe C^∞ sur I. En particulier y est bien une solution de (E) de classe C^2 sur I.

Rappelons que le théorème de Cauchy-Lipschitz entraîne aussi que toute autre solution de (E') coïncide avec y sur leur intervalle commun de définition.

Soit maintenant $\tilde{y}$ une solution de (E) définie sur l'intervalle I. Par continuité de $\tilde{y}'$, il existe un intervalle J inclus dans I tel que $\tilde{y}'$ soit strictement positive sur J et donc tel que $\tilde{y}$ soit une solution de (E') sur J. D'où $y = \tilde{y}$ sur J. Choisissons J maximal pour cette propriété de (stricte) positivité de $\tilde{y}'$. Supposons que J soit strictement inclus dans I, c'est-à-dire qu'au moins l'une de ses bornes appartient à I. Soit a une telle borne. Comme $\tilde{y}'$ est continue sur I et a appartient à I, $\tilde{y}'(a)$ ne peut être strictement positif, sinon $\tilde{y}'$ le serait encore dans un voisinage de a et cela contredirait la maximalité de J. Et comme $\tilde{y}'$ est strictement positive sur J, il en résulte $\tilde{y}'(a) = 0$. Mais comme $\tilde{y} = y$ sur J, par continuité de y' en a (qui appartient à I), on doit donc avoir $y'(a) = 0$, ce qui est impossible vu le choix de I. On en conclut donc que $J = I$ et donc que $\tilde{y} = y$ sur I.

Pour le choix de I que l'on a fait, on a donc existence et unicité d'une solution de classe C^2 de (E).

I.2 La fonction $x \mapsto -sn(-x)$ vérifie (E) sur l'intervalle $I = -I$. Par unicité on a donc $sn(x) = -sn(-x)$ dans I, i.e. sn est impaire.

La dérivée d'une fonction impaire étant paire et le quotient de deux fonctions paires aussi, $cn = sn'/dn$ est une fonction paire.

On a

$$cn^2 = \frac{\dot{sn}^2}{dn^2} = \frac{(1-sn^2)(1-k^2sn^2)}{1-k^2sn^2} = 1 - sn^2$$

et donc

$$sn^2 + cn^2 = 1\,.$$

En dérivant l'égalité précédente, on trouve

$$\dot{sn}\,sn + \dot{cn}\,cn = 0\,.$$

Comme sn est non nul sur I, il en est de même pour cn. On a donc $\dot{cn} = -sn.dn$.

En dérivant $k^2 sn^2 + dn^2 = 1$, on obtient la dernière égalité (car dn n'est jamais nul).

I.3.a Par définition de $s_1 = sn$, on a
$$\dot{s_1}^2 = (1 - s_1^2)(1 - k^2 s_1^2).$$

Il en résulte
$$\dot{s_1}\ddot{s_1} = [-(k^2+1)s_1 + 2k^2 s_1^3]\dot{s_1}$$

d'où
$$\ddot{s_1} = -(k^2+1)s_1 + 2k^2 s_1^3$$

puisque $\dot{s_1}$ ne s'annule pas sur I.

On a
$$\dot{s_2}(u) = -\dot{s_1}(w - u)$$

et donc
$$\dot{s_2}^2 = (1 - s_2^2)(1 - k^2 s_2^2)$$

et
$$\ddot{s_2} = -(k^2+1)s_2 + 2k^2 s_2^3.$$

Par conséquent
$$\frac{\ddot{s_1}s_2 - \ddot{s_2}s_1}{\dot{s_1}^2 s_2^2 - \dot{s_2}^2 s_1^2} = \frac{2k^2 s_1 s_2[s_1^2 - s_2^2]}{[s_1^2 - s_2^2](-1 + k^2 s_1^2 s_2^2)} = -2k^2 \frac{s_1 s_2}{1 - k^2 s_1^2 s_2^2}.$$

I.3.b Formellement
$$\frac{\ddot{s_1}s_2 - \ddot{s_2}s_1}{\dot{s_1}s_2 - \dot{s_2}s_1} = -2k^2 \frac{s_1 s_2(\dot{s_1}s_2 + \dot{s_2}s_1)}{1 - k^2 s_1^2 s_2^2}$$

et donc
$$d\log(\dot{s_1}s_2 - \dot{s_2}s_1) = d\log(1 - k^2 s_1^2 s_2^2) \;;$$

d'où
$$\frac{\dot{s_1}s_2 - \dot{s_2}s_1}{1 - k^2 s_1^2 s_2^2} = \text{Cte}.$$

Plus rigoureusement il suffit d'écrire
$$\frac{d}{du}\left(\frac{\dot{s_1}s_2 - \dot{s_2}s_1}{1 - k^2 s_1^2 s_2^2}\right) =$$

$$\frac{(\ddot{s_1}s_2 - \ddot{s_2}s_1)(1 - k^2 s_1^2 s_2^2) + 2k^2(\dot{s_1}s_2 - \dot{s_2}s_1)s_1 s_2(\dot{s_1}s_2 + \dot{s_2}s_1)}{(1 - k^2 s_1^2 s_2^2)^2} = 0$$

pour obtenir le résultat demandé.

I.3.c Comme $\dot{s}_2 = -\dot{s}n(v)$, il en résulte qu'il existe une fonction C telle que

$$\frac{\dot{s}n(u)sn(v) + \dot{s}n(v)sn(u)}{1 - k^2 sn^2(u)sn^2(v)} = C(u+v) \ .$$

En faisant $v = 0$, on obtient $C(u) = sn(u)$, i.e. $C = sn$. D'où la formule demandée en utilisant $\dot{s}n = cn.dn$.

I.4.a L'idée est de développer les expressions obtenues en polynômes en sn et de réduire le degré des expressions en cn et dn au plus à 1 en utilisant les identités donnant $cn^2 = 1 - sn^2$ et $dn^2 = 1 - k^2 sn^2$. On ordonne également suivant le degré en k pour simplifier. On a donc

$$\begin{aligned}(1 - k^2 s_1^2 s_2^2)^2 \frac{\partial \Phi}{\partial u} &= (-s_1 d_1 c_2 - c_1 d_1^2 s_2 d_2 + k^2 s_1^2 c_1 s_2 d_2)(1 - k^2 s_1^2 s_2^2) \\ &\quad + 2k^2 s_1 c_1 d_1 s_2^2 (c_1 c_2 - s_1 d_1 s_2 d_2) \\ &= (-s_1 d_1 c_2 - c_1 s_2 d_2 + 2k^2 s_1^2 c_1 s_2 d_2)(1 - k^2 s_1^2 s_2^2) \\ &\quad + 2k^2 s_1 s_2^2 [(1-s_1^2) d_1 c_2 - s_1 c_1 (1 - k^2 s_1^2) s_2 d_2] \\ &= -(s_1 d_1 c_2 + c_1 s_2 d_2)(1 - k^2 s_1^2 s_2^2) \\ &\quad + 2k^2 (s_1^2 c_1 s_2 d_2 + s_1 d_1 s_2^2 c_2 - s_1^3 d_1 s_2^2 c_2 - s_1^2 c_1 s_2^3 d_2) \\ &\quad + 2k^4 (s_1^4 c_1 s_2^3 d_2 - s_1^4 c_1 s_2^3 d_2) \ .\end{aligned}$$

Et donc $\frac{\partial \Phi}{\partial x}$ est symétrique.

I.4.b Comme Φ est symétrique, $\partial_v \Phi$ s'obtient à partir de $\partial_u \Phi$ en échangeant les rôles de u et v. La question précédente montre donc que $\partial_u \Phi = \partial_v \Phi$. Écrivons $\Phi(u,v) = \Psi(u+v, u-v)$ pour la fonction Ψ définie par

$$\Psi(x,y) = \Phi\left(\frac{x+y}{2}, \frac{x-y}{2}\right) \ .$$

On a alors $2\partial_y \Psi = \partial_u \Phi - \partial_v \Phi$ et donc $\partial_y \Psi = 0$. D'où $\Phi(u,v) = \Psi(u+v, 0)$ ne dépend que de $u+v$.

I.4.c En faisant $v=0$, on trouve $\Psi = cn$, d'où la formule demandée.

I.4.d Quand k tend vers 0, (E) redonne les fonctions trigonométriques usuelles : sn devient $\sin$, cn devient $\cos$ et dn devient la fonction identiquement égale à 1. Les formules *I.3.c* et *I.4.c* redonnent les formules d'addition pour sin et cos.

I.5 On reprend les notations de la question précédente. Calculons le numérateur :

$$c_1(c_1 c_2 - s_1 s_2 d_1 d_2) + d_2 s_1 (s_1 c_2 d_2 + s_2 c_1 d_1) = c_1^2 c_2 + s_1^2 c_2 d_2^2$$

et, en développant c_1^2 et d_2^2, on trouve

$$c_2(1 - s_1^2 + s_1^2(1 - k^2 s_2^2)) = c_2(1 - k^2 s_1^2 s_2^2) \ .$$

D'où

$$c_1 \frac{c_1 c_2 - s_1 s_2 d_1 d_2}{1 - k^2 s_1^2 s_2^2} + d_2 s_1 \frac{s_1 c_2 d_2 + s_2 c_1 d_1}{1 - k^2 s_1^2 s_2^2} = c_2 \ .$$

Ce qui est la formule recherchée.

I.6.a Remarquons que K est bien défini puisque l'intégrand est continu sur $[0; 1[$ et est équivalent à $1/\sqrt{2(1-k^2)(1-t)}$ quand t tend vers 1 par valeurs inférieures.
Montrons qu'il existe u_0 tel que $sn(u_0) = 1$ et tel que sn soit monotone sur $[0, u_0]$. On va montrer en fait que u_0 est le premier zéro (positif) de sn'. Remarquons que l'on a toujours $|sn(u)| \le 1$ d'après, par exemple, la formule $sn^2 + cn^2 = 1$.
Supposons que sn' ne s'annule pas sur $\mathbb{R}_+$, alors elle est de signe constant sur $\mathbb{R}_+$ et y est donc positive puisque $sn'(0) = 1$. La fonction sn est donc strictement croissante de $\mathbb{R}_+$ dans lui-même et définit donc un C^1-difféomorphisme de $\mathbb{R}_+$ sur son image. Comme sn' ne s'annule pas, sn ne prend pas la valeur 1 et donc, d'après le théorème des valeurs intermédiaires, l'image de $\mathbb{R}_+$ par sn est incluse dans $[0; 1[$. On peut donc écrire

$$u = \int_0^u dx = \int_0^{sn(u)} \frac{dt}{\sqrt{(1-t^2)(1-k^2t^2)}} \le \int_0^1 \frac{dt}{\sqrt{(1-t^2)(1-k^2t^2)}} = K \ .$$

Ceci est impossible à satisfaire pour tout u réel positif. Donc sn' s'annule en au moins un point de $\mathbb{R}_+$. Comme elle y est continue, l'ensemble de ses zéros positifs est fermé et on peut donc définir u_0 le plus petit de ses zéros positifs. Comme sn' est de signe constant sur $[0; u_0]$, elle y est positive, donc sn y est croissante. En particulier sn est positive sur $[0; u_0]$. Comme $sn'(u_0) = 0$, on a $cn(u_0) = 0$ et donc $|sn(u_0)| = 1$. Par positivité, on a donc $sn(u_0) = 1$. Par conséquent sn est un C^1-difféomorphisme de $[0; u_0]$ sur $[0; 1]$. On a donc

$$u_0 = \int_0^{u_0} dx = \int_0^1 \frac{dt}{\sqrt{(1-t^2)(1-k^2t^2)}} = K \ .$$

Il en résulte $sn(K) = 1$ et $cn(K) = 0$.

I.6.b

$$sn(u+K) = \frac{sn(u)cn(K)dn(K) + sn(K)cn(u)dn(u)}{1 - k^2 sn^2(u) sn^2(K)} = \frac{cn(u)dn(u)}{1 - k^2 sn^2(u)}$$

I.6.c On dérive $sn(u+K) = \frac{sn(u)}{1-k^2 sn^2(u)}$ et on trouve

$$\dot{sn}(u+K) = \frac{\dot{sn}(u)[1-k^2sn^2(u)]+2k^2sn(u)\dot{sn}^2(u)}{(1-k^2sn^2(u))^2}$$

$$= \frac{sn(u)[2k^2sn^2(u)-(1+k^2)]+2k^2sn(u)[1-sn^2(u)]}{1-k^2sn^2(u)}$$

$$= -\frac{(1-k^2)sn(u)}{1-k^2sn^2(u)}.$$

I.6.d Remarquons que sn est impaire et que $u \mapsto \dot{sn}(u+K)$ est paire. Il en résulte

$$sn(u+2K) = sn\left((u+K)+K\right) = sn\left(-(u+K)+K\right) = sn(-u) = -sn(u)$$

et donc

$$sn(u+4K) = -sn(u+2K) = sn(u)$$

i.e. sn est $4K$-périodique.
Sur $[0, K]$, $\dot{sn}$ est positif car il ne s'annule pas (K est la première valeur où sn vaut 1). Grâce à la formule donnant $\dot{sn}(u+K)$, on voit que $\dot{sn}$ est négatif sur $[K, 2K]$. Enfin, en utilisant $sn(u+2K) = -sn(u)$, on trouve le tableau de variation :

	0	K	$2K$	$3K$	$4K$
		1			
sn	0	↗ ↘	0	↘ ↗	0
				-1	

I.6.e Remarquons que $sn(u) = sn(2K-u)$.
Supposons $\sin(\phi) = 1$; on a alors $\cos(\phi) = 0$. L'équation $sn(u) = 1$ a une seule solution modulo K, à savoir $u = K$ et alors $cn(u) = 0$. D'où l'existence et l'unicité de u modulo $4K$ dans ce cas.
Si maintenant $\sin(\phi) = -1$, on a encore $\cos(\phi) = 0$. L'équation $sn(u) = -1$ a une seule solution modulo K, à savoir $u = 3K$ et alors $cn(u) = 0$. D'où l'existence et l'unicité de u modulo $4K$ dans ce cas.
Enfin si $|\sin(\phi)| < 1$, l'équation $sn(u) = \sin(\phi)$ a deux solutions modulo $4K$ d'après le tableau précédent, à savoir u et $2K - u$. Leurs dérivées y ont des signes opposés. C'est-à-dire que les deux solutions sont telles que $cn(u)$ admet une même valeur absolue (car $sn^2 + cn^2 = 1$ fixe cette valeur absolue), mais avec des signes opposés (puisque $cn = \dot{sn}/dn$ est du signe de sn'). Il en résulte qu'il y a au plus une solution. Et comme $cn^2(u) = 1 - sn^2(u) = 1 - \sin^2(\phi) = \cos^2(\phi)$, on a effectivement une solution.

I.6.f Soit u tel que $cn(u) = \alpha$. On a $dn(u) = \beta \Leftrightarrow dn^2(u) = \beta^2$ car dn est toujours positif. Comme $dn^2 = 1 - k^2sn^2 = 1 - k^2(1-cn^2)$, on a

$$dn(u) = \beta \Leftrightarrow \beta^2 = 1 - k^2(1-\alpha^2) \Leftrightarrow k^2 = \frac{1-\beta^2}{1-\alpha^2}.$$

I.7.a Si $\alpha = \beta = 0$, soit $\gamma = 0$ et alors tout u est solution, soit γ est non nul et alors il n'y a pas de solution.
Si $\alpha^2 + \beta^2 > 0$, on peut écrire

$$\alpha cn(u) + \beta sn(u) = \gamma \Rightarrow \alpha^2 cn^2(u) = \beta^2 sn^2(u) - 2\beta\gamma sn(u) + \gamma^2$$
$$\Rightarrow (\alpha^2 + \beta^2)sn^2(u) - 2\beta\gamma sn(u) + \gamma^2 - \alpha^2 = 0$$
$$\Rightarrow \begin{cases} \alpha^2 + \beta^2 \geq \gamma^2 \\ \text{et} \\ sn(u) = \frac{\beta\gamma \pm \alpha\sqrt{\alpha^2+\beta^2-\gamma^2}}{\alpha^2+\beta^2}. \end{cases}$$

Et alors, si α est non nul,

$$cn(u) = \frac{\gamma - \beta sn(u)}{\alpha} = \frac{\alpha\gamma \mp \beta\sqrt{\alpha^2+\beta^2-\gamma^2}}{\alpha^2+\beta^2}$$

et, si $\alpha = 0$,

$$sn(u) = \frac{\gamma}{\beta} \quad \text{et} \quad cn(u) = \pm\frac{\sqrt{\beta^2-\gamma^2}}{\beta} = \frac{\alpha\gamma \mp \beta\sqrt{\alpha^2+\beta^2-\gamma^2}}{\alpha^2+\beta^2}.$$

La formule trouvée est donc valable dès que $\alpha^2 + \beta^2 \geq \gamma^2 > 0$ et on vérifie qu'on a bien

$$\left(\frac{\beta\gamma \pm \alpha\sqrt{\alpha^2+\beta^2-\gamma^2}}{\alpha^2+\beta^2}\right)^2 + \left(\frac{\alpha\gamma \mp \beta\sqrt{\alpha^2+\beta^2-\gamma^2}}{\alpha^2+\beta^2}\right)^2 =$$

$$\frac{(\beta^2+\alpha^2)(\gamma^2+\alpha^2+\beta^2-\gamma^2)}{(\alpha^2+\beta^2)^2} = 1$$

et donc qu'il existe bien un unique u modulo $4K$ tel que

$$(sn(u), cn(u)) = \left(\frac{\beta\gamma + \alpha\sqrt{\alpha^2+\beta^2-\gamma^2}}{\alpha^2+\beta^2}, \frac{\alpha\gamma - \beta\sqrt{\alpha^2+\beta^2-\gamma^2}}{\alpha^2+\beta^2}\right)$$

ainsi qu'un unique u modulo $4K$ tel que

$$(sn(u), cn(u)) = \left(\frac{\beta\gamma - \alpha\sqrt{\alpha^2+\beta^2-\gamma^2}}{\alpha^2+\beta^2}, \frac{\alpha\gamma + \beta\sqrt{\alpha^2+\beta^2-\gamma^2}}{\alpha^2+\beta^2}\right).$$

Au final, si $\alpha^2 + \beta^2 = \gamma^2 = 0$, tout u est solution; si $\alpha^2 + \beta^2 = \gamma^2 \neq 0$, il y a une seule solution modulo $4K$; si $\alpha^2 + \beta^2 > \gamma^2$, il y a deux solutions modulo $4K$.

I.7.b On résout en w avec $\alpha = cn(u)$, $\beta = sn(u)dn(v)$ et $\gamma = cn(v)$. On a

$$\begin{aligned}
\alpha^2 + \beta^2 - \gamma^2 &= cn^2(u) + sn^2(u)dn^2(v) - cn^2(v) \\
&= 1 - sn^2(u) + sn^2(u)[1 - k^2 sn^2(v)] - 1 + sn^2(v) \\
&= sn^2(v)[1 - k^2 sn^2(u)] \\
&= sn^2(v)dn^2(u) \ .
\end{aligned}$$

Les formules précédentes montrent que

$$sn(w) = \frac{sn(u)cn(v)dn(v) \pm cn(u)dn(u)sn(v)}{1 - k^2 sn^2(u)sn^2(v)}$$

et

$$cn(w) = \frac{cn(u)cn(v) \mp sn(u)sn(v)dn(u)dn(v)}{1 - k^2 sn^2(u)sn^2(v)} \ ,$$

i.e. $sn(w) = sn(u \pm v)$ et $cn(w) = cn(u \pm v)$; et donc $w \equiv u \pm v$ modulo $4K$.

***

Partie II

II.1.a On a $P_\phi \neq P_{\phi'}$ si et seulement si $\phi \not\equiv \phi' \ [\pi]$, ou encore si et seulement si $\sin(\phi - \phi') \neq 0$. Dans ces conditions, la droite $(P_\phi P_{\phi'})$ admet pour équation cartésienne :

$$(\cos(2\phi') - \cos(2\phi))(y - R\sin(2\phi)) = (\sin(2\phi') - \sin(2\phi))(x - R\cos(2\phi))$$

c'est-à-dire

$$x\cos(\phi + \phi') + y\sin(\phi + \phi') - R\cos(\phi - \phi') = 0 \ .$$

Une droite est tangente au cercle de centre A et de rayon r si et seulement si elle rencontre le cercle en un seul point ou encore si et seulement si la distance de A à la droite est r. La distance du point (x_0, y_0) à la droite d'équation $\lambda x + \mu y + \nu = 0$ étant $|\lambda x_0 + \mu y_0 + \nu|/\sqrt{\lambda^2 + \mu^2}$, la condition $(P_\phi P_{\phi'})$ tangente à (C') s'écrit

$$r = |R\cos(\phi - \phi') + a\cos(\phi + \phi')| = |(R+a)\cos\phi\cos\phi' + (R-a)\sin\phi\sin\phi'| \ .$$

D'où la condition demandée puisqu'en changeant ϕ' en $\phi' + \pi$ on change le signe de l'expression dans la valeur absolue, mais on ne change pas le point $Q = P_{\phi'}$.

II.1.b On peut trouver k et u tels que

$$(cn(u;k), dn(u;k)) = \left(\frac{R-a}{R+a}, \frac{r}{R+a}\right) \ .$$

En effet, on a bien sûr $0 \leq \frac{R-a}{R+a} < 1$ et $0 \leq \frac{r}{R+a} < 1$ et, d'après $I.6.f$, il suffit donc de prendre

$$k^2 = \frac{1 - \left(\frac{R-a}{R+a}\right)^2}{1 - \left(\frac{r}{R+a}\right)^2} = \frac{4aR}{(R+a)^2 - r^2}$$

pour obtenir le résultat. Il faut donc vérifier $0 < k < 1$, i.e. $4aR < (R+a)^2 - r^2$ ou encore $r^2 < (R-a)^2$, i.e. $r < R - a$, ce qui est vrai par hypothèse.
Dans ces conditions l'équation trouvée à la question précédente se récrit exactement comme l'équation $I.7.b$ et on a donc

$$am_k(\phi') \equiv am_k(\phi) \pm u \ [4K]$$

où le K est celui qui est associé à k.

II.2.a La question précédente nous fournit le cas $i = 0$ (quitte à changer le signe de u) et nous dit que l'équation demandée est vérifiée sauf peut-être au signe près pour u. Il nous faut donc voir que le signe est constant. Mais s'il change entre i et $i + 1$, on a

$$am_k(\phi_{i+2}) \equiv am_k(\phi_{i+1}) - u \equiv am_k(\phi_i) \ [4K],$$

i.e. $P_{\phi_{i+2}} = P_{\phi_i}$, ce qui est exclus. Le signe devant u est donc bien constant.

II.2.b Si a est nul, la condition de tangence s'écrit

$$\cos(\phi - \phi') = \frac{r}{R}$$

et on obtient donc

$$\phi_{i+1} \equiv \phi_i + u \ [2\pi] \ ;$$

autrement dit, am_k tend vers l'identité quand k tend vers 0 et $4K$ tend vers 2π.

II.2.c La condition $P_{\phi_n} = P_{\phi_0}$ s'écrit donc

$$nu \equiv 0 \ [4K]$$

et est de ce fait indépendante de ϕ_0.

II.2.d On peut faire le calcul dans le cas où $\phi_0 = 0$, i.e. P est le point $(R, 0)$. La droite $y = \alpha(x - R)$ est tangente à C' si et seulement si

$$\frac{|\alpha(-a - R)|}{\sqrt{1 + \alpha^2}} = r$$

i.e. $\alpha^2 = \frac{r^2}{(R+a)^2 - r^2}$.
La droite $y = \alpha(x - R)$ recoupe C en un point M_α tel que

$$0 = x^2 + y^2 - R^2 = x^2 - R^2 + \alpha^2(x - R)^2 = (x - R)(x + R + \alpha^2(x - R))$$

et donc en un point où $x = R\frac{\alpha^2-1}{\alpha^2+1}$. Si cette droite est tangente à C', il en est de même pour celle obtenue en changeant le signe de α et si on a un triangle comme dans l'énoncé la droite verticale joignant les 2 points M_α et $M_{-\alpha}$ doit être tangente à C', i.e.
$$R\frac{\alpha^2-1}{\alpha^2+1} = -a \pm r$$
et donc $\alpha^2 + 1 = \frac{2R}{R+a\mp r}$.
Avec la valeur de α trouvée précédemment, cela donne
$$\frac{2R}{R+a\mp r} = \alpha^2 + 1 = \frac{r^2}{(R+a)^2 - r^2} + 1 = \frac{(R+a)^2}{(R+a)^2 - r^2}$$
i.e. $2R(R+a\pm r) = (R+a)^2$ ou encore $a^2 - R^2 = \pm 2rR$. Comme $a < R$, on en déduit que la condition est
$$a^2 - R^2 = -2rR\ .$$

II.2.e On fait encore une fois le calcul dans le cas où $P = (R, 0)$. Dans ces conditions, par symétrie, on doit avoir $P_{\phi_2} = (-R, 0)$.
La condition de tangence d'une droite $y = \beta(x+R)$ passant par $(-R, 0)$ est celle obtenue en changeant le signe de R dans la condition pour $y = \alpha(x - R)$, i.e. $\beta^2 = \frac{r^2}{(R-a)^2 - r^2}$ et elle coupe C en un point N_β d'abscisse $x = R\frac{1-\beta^2}{1+\beta^2}$.
La condition $N_\beta = M_\alpha$ s'écrit alors
$$\frac{1-\beta^2}{1+\beta^2} = \frac{\alpha^2-1}{\alpha^2+1}$$
i.e. $\alpha^2 = \frac{1}{\beta^2}$. D'où
$$\frac{r^2}{(R+a)^2 - r^2} = \frac{(R-a)^2 - r^2}{r^2}$$
i.e.
$$(R^2 - a^2)^2 = 2r^2(R^2 + a^2)\ .$$

***

Partie III

III.1.a Il faut que $y_0 + \lambda(p-q) + \mu u$ soit de la forme $(1-\gamma)p + \gamma x$ avec $x \in C$ et $\gamma \in \mathbb{R}$. On trouve d'abord γ en faisant $\phi(x) = 1$:
$$\phi(y_0) + \lambda(\phi(p) - 1) = (1-\gamma)\phi(p) + \gamma$$
et donc

$$\gamma = \frac{\phi(y_0) + \lambda(\phi(p) - 1) - \phi(p)}{1 - \phi(p)} = \frac{\phi(y_0) - \phi(p)}{1 - \phi(p)} - \lambda \, .$$

On peut avoir $\gamma = 0$. Dans ce cas il faut $y_0 = p - \lambda(p-q) - \mu u$ et la condition s'écrit : y_0 appartient au plan contenant L et p et

$$\lambda = \frac{\phi(y_0) - \phi(p)}{1 - \phi(p)} \qquad \mu = \frac{\langle p - y_0, u \rangle}{\|u\|^2} \, .$$

Sinon, on écrit alors la condition pour que x appartienne à C, i.e. $Q(x) = 0$:

$$\begin{aligned}
0 &= Q\left(\frac{y_0 + \lambda(p-q) + \mu u - (1-\gamma)p}{\gamma}\right) \\
&= Q(y_0 + \lambda(p-q) + \mu u - (1-\gamma)p) \\
&= Q\left(y_0 + \lambda(p-q) + \mu u + \left(\frac{\phi(y_0) - \phi(p)}{1 - \phi(p)} - \lambda - 1\right)p\right) \\
&= Q\left(y_0 - \lambda q + \mu u + \frac{\phi(y_0) - 1}{1 - \phi(p)}p\right) \\
&= Q\left(\mu u - \lambda q + y_0 + \frac{\phi(y_0) - 1}{1 - \phi(p)}p\right) \, .
\end{aligned}$$

III.1.b On développe la condition précédente en λ et μ :

$$\lambda^2 Q(q) - 2\lambda\mu B_Q(q, u) + \mu^2 Q(u) + \ldots$$

où ce qui n'est pas écrit sont les termes de degré 1 et 0 en λ et μ. On peut donc trouver y_0 tel que le plan passant par y_0 parallèle au plan passant par p et L (i.e. de direction donnée par le plan vectoriel engendré par les vecteurs $p - q$ et u) satisfasse à la condition de l'énoncé si et seulement si la forme quadratique $\lambda^2 Q(q) - 2B_Q(q, u) + \mu^2 Q(u)$ est multiple de $\lambda^2 + \mu^2$, i.e.

$$\begin{cases} Q(q) = Q(u) \\ B_Q(q, u) = 0 \, . \end{cases}$$

III.2 La condition ${}^t Z S Z = 0$ peut se récrire, en séparant parties réelle et imaginaire :

$$0 = {}^t(X + iY)S(X + iY) = {}^t X S X - {}^t Y S Y + i({}^t X S Y + {}^t Y S X)$$

i.e.

$$Q(X) = Q(Y) \qquad \& \qquad B_Q(X, Y) = 0 \, .$$

On choisit donc p quelconque en dehors de P et on prend $q = p + X$ et $u = Y$. La question précédente montre que les images des 2 coniques C et C' sont bien des cercles.

III.3 Comme une droite et une conique sont tangentes si et seulement si leur intersection est formée d'un point (et non deux ou aucun), cette propriété se conserve par une projection comme celle de la question précédente. La projection étant injective de P dans Π, la condition de fermeture est aussi conservée, i.e. $P_{\phi_0} = P_{\phi_n}$ si et seulement si leurs images sont égales. Il en résulte que l'assertion de la question $II.2.c$ est encore valide.

III.4 Soit $E_{\mathbf{C}} = \mathbf{C}^3$. C'est un espace vectoriel complexe de dimension 3 et aussi un espace vectoriel réel de dimension 6. On peut voir E comme sous-espace vectoriel (réel) de $E_{\mathbf{C}}$ de dimension 3.

Soit $\phi_{\mathbf{C}}$ la forme linéaire sur $E_{\mathbf{C}}$ ayant la même matrice que ϕ (ces matrices étant respectivement exprimées dans les bases canoniques de $\mathbf{C}^3$ et $\mathbb{R}^3$). L'équation $\phi_{\mathbf{C}} = 1$ définit donc un plan complexe $P_{\mathbf{C}}$ de $E_{\mathbf{C}}$, qui est aussi un sous-espace affine réel de dimension 4 de $E_{\mathbf{C}}$. En tant qu'espace affine réel, il contient le plan P. De plus si $Z = X + iY$ est un vecteur de $E_{\mathbf{C}}$ écrit de sorte que X et Y sont réels (i.e. X et Y dans E), alors

$$\phi_{\mathbf{C}}(X + iY) = \phi(X) + i\phi(Y) .$$

Soit $Q_{\mathbf{C}}$ et $Q'_{\mathbf{C}}$ les formes quadratiques sur $\mathbf{C}^3$ définies par les mêmes matrices que Q et Q' (par rapport toujours aux bases canoniques). On cherche donc $Z = X + iY$ tel que $Q_{\mathbf{C}}(Z) = Q'_{\mathbf{C}}(Z) = 0$ et $\phi_{\mathbf{C}}(Z) = 1$.

Il nous suffit de montrer qu'un tel Z existe puisqu'alors, par hypothèse sur C et C' on devra nécessairement avoir Y non nul (sinon X serait un point d'intersection des deux coniques). On se place donc dans un repère affine de $P_{\mathbf{C}}$, disons donc que tout point Z de $P_{\mathbf{C}}$ s'écrit de façon unique

$$Z = A + x\mathbf{v} + y\mathbf{w}$$

avec A, $\mathbf{v}$ et $\mathbf{w}$ fixés (on a donc $\phi_{\mathbf{C}}(A) = 1$ et $\phi_{\mathbf{C}}(\mathbf{v}) = \phi_{\mathbf{C}}(\mathbf{w}) = 0$) et x et y complexes. Les équations $Q_{\mathbf{C}}(Z) = Q'_{\mathbf{C}}(Z) = 0$ s'écrivent donc

$$ax^2 + 2bxy + cy^2 + 2dx + 2ey + f = a'x^2 + 2b'xy + c'y^2 + 2d'x + 2e'y + f' = 0$$

avec $(a, b, c) \neq (0, 0, 0)$ et $(a', b', c') \neq (0, 0, 0)$ (puisque les formes quadratiques ne sont pas dégénérées).

Considérons l'équation

$$\begin{aligned} P_{\lambda,\mu}(x, y) &= \lambda(ax^2 + 2bxy + cy^2 + 2dx + 2ey + f) \\ &+ \mu(a'x^2 + 2b'xy + c'y^2 + 2d'x + 2e'y + f') = 0 \end{aligned}$$

pour $(\lambda, \mu) \neq (0, 0)$. On cherche à trouver des racines communes à $P_{1,0}$ et $P_{0,1}$. Remarquons que $P_{\lambda,\mu} = 0$ définit en général une conique et que celle-ci est dégénérée si et seulement si le déterminant

$$\det \begin{pmatrix} \lambda a + \mu a' & \lambda b + \mu b' & \lambda d + \mu d' \\ \lambda b + \mu b' & \lambda c + \mu c' & \lambda e + \mu e' \\ \lambda d + \mu d' & \lambda e + \mu e' & \lambda f + \mu f' \end{pmatrix}$$

est nul. Si on pose $\mu = 1$, ceci est un polynôme de degré au plus trois en λ. Son terme dominant est celui obtenu pour $(\lambda, \mu) = (1, 0)$ et est donc non nul. Il existe donc au moins une valeur (et même d'ailleurs au moins une valeur réelle) de λ telle que $P_{\lambda,1}(x, y) = 0$ définisse une conique dégénérée. C'est donc la réunion d'une ou de deux droites.

Remarquons pour conclure que
$$P_{\lambda,1}(x,y) = P_{0,1}(x,y) = 0 \Leftrightarrow P_{1,0}(x,y) = P_{0,1}(x,y) = 0$$

et donc on cherche un point dans l'intersection d'une conique non dégénérée et d'une conique dégénérée. Comme cette intersection contient au moins l'intersection d'une droite et d'une conique non dégénérée, on a bien un point. En effet la droite est donnée par une équation du premier degré non nulle. En particulier on peut exprimer l'une des variables en fonction de la seconde. Disons par exemple $y = \alpha x + \beta$. Ce point appartient à la conique si et seulement si x vérifie une certaine équation du second degré (c'est bien une équation de degré exactement deux parce que la conique n'est pas dégénérée). Un tel x existe puisque l'on est sur $\mathbb{C}$. Contrairement au λ trouvé précédemment, x n'a aucune raison d'être réel.

Remarquons enfin que la conique dégénérée peut être en fait une seule droite (double) et que cette droite peut être tangente à la conique. Dans ce cas on n'a qu'un seul point d'intersection (mais il est alors réel!).

***

Partie IV

La fonction $\mathfrak{p}$ est la fonction de Weierstraß. Elle sert en particulier à paramétrer les courbes (elliptiques) données par une équation de la forme $y^2 = P(x)$ pour P un polynôme de degré 3 par $(x, y) = (\mathfrak{p}(t), \mathfrak{p}'(t))$.

IV.1 On a
$$\mathfrak{p}'(u) = -\frac{2\lambda\beta \dot{sn}(\lambda u + \mu; k)}{sn^3(\lambda u + \mu; k)}$$

et donc

$$\begin{aligned}
\mathfrak{p}'^2 &= \frac{4\lambda^2\beta^2(1-sn^2)(1-k^2sn^2)}{sn^6} \\
&= 4\lambda^2\beta^2 \frac{1}{sn^2}\left(\frac{1}{sn^2}-1\right)\left(\frac{1}{sn^2}-k^2\right) \\
&= 4\lambda^2\beta^2 \frac{\mathfrak{p}-\alpha}{\beta}\frac{\mathfrak{p}-(\alpha+\beta)}{\beta}\frac{\mathfrak{p}-(\alpha+k^2\beta)}{\beta} \\
&= \frac{4\lambda^2}{\beta}(\mathfrak{p}-\alpha)(\mathfrak{p}-(\alpha+k^2\beta))(\mathfrak{p}-(\alpha+\beta)).
\end{aligned}$$

Soit K la quantité associée à k en I.6., i.e.

$$K = \int_0^1 \frac{dt}{\sqrt{(1-t^2)(1-k^2 t^2)}} \, .$$

Comme sn^2 est périodique de période $2K$ (car sn est impaire de période $4K$), $\mathfrak{p}$ est périodique de période $2K/\lambda$. On peut prendre comme intervalle d'étude $[-\mu/\lambda; (2K-\mu)/\lambda]$. Alors $\mathfrak{p}$ est monotone de sens contraires sur $[-\mu/\lambda; (K-\mu)/\lambda]$ et $[(K-\mu)/\lambda; (2K-\mu)/\lambda]$. Elle est croissante sur le premier intervalle si et seulement si β est négatif. On a

$$\mathfrak{p}\left(-\frac{\mu}{\lambda}\right) = sgn(\beta)\infty \qquad \text{et} \qquad \mathfrak{p}\left(\frac{K-\mu}{\lambda}\right) = \alpha + \beta \, .$$

IV.2.a En comparant ce qui est en facteur de sn^3 dans les deux expressions, on doit donc montrer que

$$sn(v)\dot{sn}(w) - sn(w)\dot{sn}(v) = \frac{sn^2(v) - sn^2(w)}{sn(v+w)}$$

i.e.

$$sn(v)cn(w)dn(w) - sn(w)cn(v)dn(v) = \frac{sn^2(v) - sn^2(w)}{sn(v+w)} \, .$$

En utilisant la formule d'addition de sn (I.3.c), ceci est équivalent à

$$\frac{sn^2(v)cn^2(w)dn^2(w) - sn^2(w)cn^2(v)dn^2(v)}{1 - k^2 sn^2(v) sn^2(w)} = sn^2(v) - sn^2(w) \, .$$

En remplaçant cn^2 et dn^2 par $1 - sn^2$ et $1 - k^2 sn^2$, le membre de gauche se récrit

$$\frac{sn^2(v) - sn^2(w) + k^2 sn^2(v) sn^2(w)(sn^2(w) - sn^2(v))}{1 - k^2 sn^2(v) sn^2(w)} \, ,$$

ce qui est bien l'expression recherchée.

IV.2.b Le déterminant est évidemment nul si deux des trois réels sont égaux modulo τ, mais l'expression précédente montre que si $u + v + w \equiv 0 \, [\tau]$ alors (par imparité de sn) tous les termes entre crochets sont égaux à $-1 - (-1)$, i.e. sont nuls.

IV.2.c Traitons d'abord le cas $c = 0$. Dans ce cas la valeur de $\mathfrak{p}$ est fixée (ou n'existe pas si $b = 0$) et on a donc au plus deux solutions modulo τ d'après le tableau de variation.

Sinon, en faisant passer le terme en $\mathfrak{p}'$ de l'autre côté et en élevant au carré on obtient une relation entre le carré de $\mathfrak{p}'$ et un trinôme du second degré en $\mathfrak{p}$. Comme $\mathfrak{p}'^2$ est un polynôme du troisième degré en $\mathfrak{p}$, une condition nécessaire est que $\mathfrak{p}$ soit racine d'une certaine équation du troisième degré. Comme $\mathfrak{p}'$ est donné linéairement par $\mathfrak{p}$, le couple $(\mathfrak{p}, \mathfrak{p}')$ peut prendre au plus trois valeurs. D'après le tableau de variation, si u et v sont distincts modulo τ

et si $\mathfrak{p}(u) = \mathfrak{p}(v)$, alors $\mathfrak{p}'(u)$ et $\mathfrak{p}'(v)$ sont de signes opposés, et donc distincts. Il en résulte que l'équation de départ a au plus trois solutions modulo τ.

IV.2.d Si u, v et w sont distincts modulo τ, alors le déterminant s'annule au moins pour $w = u$, $w = v$ et $w = -(u+v)$. Si $-(u+v)$ est distinct de u et v modulo τ, on en déduit immédiatement que $u + v + w \equiv 0\ [\tau]$. Autrement dit, pour v tel que $u + 2v$ et $2u + v$ ne sont pas congrus à 0 modulo τ, les trois solutions en w sont u, v et $-(u+v)$ modulo τ. Mais ces racines (en w) sont continues par rapport à v et donc, dans les cas limites, on obtient le même résultat. Autrement dit le déterminant considéré est nul si et seulement si deux des réels sont égaux modulo τ ou si

$$u + v + w \equiv 0\ [\tau].$$

***

Partie V

V.1.a Une droite est tangente à une conique si et seulement si elle la coupe en un seul point. Si on se donne la droite par un paramétrage affine, l'intersection est donnée par une équation du second degré en le paramètre et la condition de tangence est l'annulation du discriminant du trinôme.
La droite $L_{\alpha,\beta,\gamma}$ passe par

$$\left(-\frac{\alpha\gamma z}{\alpha^2 + \beta^2}, -\frac{\beta\gamma z}{\alpha^2 + \beta^2}\right)$$

et admet $(-\beta, \alpha)$ comme vecteur directeur et donc ses points sont les

$$\left(-\frac{\alpha\gamma z}{\alpha^2 + \beta^2} - t\beta, -\frac{\beta\gamma z}{\alpha^2 + \beta^2} + t\alpha\right).$$

Ce point appartient à C_ω si et seulement si

$$(\omega + a)\left(\beta^2 t^2 + \frac{2\alpha\beta\gamma z}{\alpha^2 + \beta^2}t + \frac{\alpha^2\gamma^2 z^2}{(\alpha^2+\beta^2)^2}\right)$$
$$+(\omega + b)\left(\alpha^2 t^2 - \frac{2\alpha\beta\gamma z}{\alpha^2 + \beta^2}t + \frac{\beta^2\gamma^2 z^2}{(\alpha^2+\beta^2)^2}\right) + (\omega + c)z^2 = 0$$

ou encore

$$0 = \left(\omega(\alpha^2+\beta^2) + (\alpha^2 b + \beta^2 a)\right)t^2 + \frac{2\alpha\beta\gamma z}{\alpha^2+\beta^2}(a-b)t$$

$$+\frac{z^2}{(\alpha^2+\beta^2)^2}\left(\omega(\alpha^2+\beta^2)(\alpha^2+\beta^2+\gamma^2) + \gamma^2(\alpha^2 a + \beta^2 b) + (\alpha^2+\beta^2)^2 c\right).$$

Le discriminant (réduit) est donc un trinôme du second degré en ω. Son coefficient dominant est
$$-z^2(\alpha^2+\beta^2+\gamma^2)\ .$$

Son terme du premier degré est
$$-z^2\frac{\gamma^2(\alpha^2 a+\beta^2 b)+(\alpha^2+\beta^2)^2 c+(\alpha^2 b+\beta^2 a)(\alpha^2+\beta^2+\gamma^2)}{\alpha^2+\beta^2}$$

soit
$$-z^2\frac{\alpha^4(b+c)+\alpha^2\beta^2(a+b+2c)+\beta^4(a+c)+\alpha^2\gamma^2(a+b)+\beta^2\gamma^2(a+b)}{\alpha^2+\beta^2}$$

i.e.
$$-z^2(\alpha^2(b+c)+\beta^2(c+a)+\gamma^2(a+b))\ .$$

Enfin son terme constant est
$$\frac{z^2}{(\alpha^2+\beta^2)^2}\left(\alpha^2\beta^2\gamma^2(a-b)^2-(\alpha^2 b+\beta^2 a)(\gamma^2(\alpha^2 a+\beta^2 b)+c(\alpha^2+\beta^2)^2)\right)$$

soit
$$-z^2(\alpha^2 bc+\beta^2 ca)+$$
$$\frac{z^2}{(\alpha^2+\beta^2)^2}\left(\alpha^2\beta^2\gamma^2(a-b)^2-\gamma^2(\alpha^4 ab+\alpha^2\beta^2(a^2+b^2)+\beta^4 ab)\right)$$

i.e.
$$-z^2(\alpha^2 bc+\beta^2 ca+\gamma^2 ab)\ .$$

Et on trouve bien l'équation donnée dans l'énoncé, à multiplication près par $-z^2$ (qui est non nul).

V.1.b On peut récrire le trinôme précédent en isolant α^2, β^2 et γ^2. On trouve, pour le terme en α^2,
$$\omega^2+\omega(b+c)+bc=(\omega+b)(\omega+c)\ .$$

Ce trinôme vaut donc
$$\alpha^2(\omega+b)(\omega+c)+\beta^2(\omega+c)(\omega+a)+\gamma^2(\omega+a)(\omega+b)\ .$$

En particulier, sa valeur en $-a$ est
$$\alpha^2(a-b)(a-c)$$

et c'est aussi
$$(\alpha^2+\beta^2+\gamma^2)(-a-p)(-a-r)$$

puisqu'on peut reconstituer un polynôme à partir de ses racines et de son coefficient dominant. Il en résulte

$$(c-b)(a+p)(a+r) = \alpha^2 \frac{(a-b)(b-c)(c-a)}{\alpha^2+\beta^2+\gamma^2}.$$

On fait de même pour le calcul en $-b$ et en $-c$ et on trouve bien la proportionnalité désirée.

V.2.a Une droite est tangente à un cercle si la distance du centre du cercle à la droite est égale au rayon du cercle. La distance de l'origine à $L_{\alpha,\beta,\gamma}$ est

$$\left| \frac{\gamma z}{\sqrt{\alpha^2+\beta^2}} \right|$$

et le rayon est $|z|$. La condition de tangence est donc

$$\alpha^2 + \beta^2 + \gamma^2 = 0.$$

La projection orthogonale de l'origine sur $L_{\alpha,\beta,\gamma}$, qui est aussi le point de tangence dans ce cas, est alors

$$\left(-\frac{\gamma \alpha z}{\alpha^2+\beta^2}, -\frac{\gamma \beta z}{\alpha^2+\beta^2} \right) = \left(\frac{\alpha z}{\gamma}, \frac{\beta z}{\gamma} \right).$$

Par conséquent (x, y, z) et (α, β, γ) sont proportionnels.
Notons que si on pose $t = 1/\omega$ dans l'équation V.1.a, qu'on récrit l'équation comme un polynôme en t (i.e. en remultipliant par t^2) et qu'on fait tendre ω vers l'infini, i.e. t vers 0, la condition que l'on vient de trouver est exactement celle pour que $t = 0$ soit racine.
La condition de tangence en C_θ s'obtient à partir de V.1.a puisque le terme dominant est nul. On doit donc avoir

$$(\alpha^2(b+c) + \beta^2(c+a) + \gamma^2(a+b))\theta + \alpha^2 bc + \beta^2 ca + \gamma^2 ab = 0.$$

Et donc

$$(\alpha^2(b+c) + \beta^2(c+a) + \gamma^2(a+b))(a+\theta) = \alpha^2(ab+ac-bc) + \beta^2 a^2 + \gamma^2 a^2$$

i.e.

$$(\alpha^2(b+c) + \beta^2(c+a) + \gamma^2(a+b))(a+\theta) = \alpha^2(-a^2 + a(b+c) - bc)$$

soit

$$(\alpha^2(b+c) + \beta^2(c+a) + \gamma^2(a+b))(a+\theta) = \alpha^2(b-a)(a-c)$$

et, cette fois-ci, $(\alpha^2, \beta^2, \gamma^2)$ est proportionnel à

$$((c-b)(a+\theta), (a-c)(b+\theta), (b-a)(c+\theta)).$$

Il suffit donc de se rappeler que (x, y, z) et (α, β, γ) sont proportionnels pour obtenir la proportionnalité entre (x^2, y^2, z^2) et

$$((c-b)(a+\theta), (a-c)(b+\theta), (b-a)(c+\theta)).$$

V.2.b Il suffit de remarquer que $(\alpha^2 x^2, \beta^2 y^2, \gamma^2 z^2)$ est proportionnel à $((c-b)^2 D(a), (a-c)^2 D(b), (b-a)^2 D(c))$ et d'écrire $\alpha x + \beta y + \gamma z = 0$.

V.2.c Il suffit de remarquer que la condition précédente s'écrit

$$\begin{vmatrix} 1 & a & \pm\sqrt{D(a)} \\ 1 & b & \pm\sqrt{D(b)} \\ 1 & c & \pm\sqrt{D(c)} \end{vmatrix} = 0$$

et de se rappeler qu'un déterminant est nul si et seulement si l'un des vecteurs colonnes est combinaison linéaire des deux autres. Or, si les deux premières colonnes sont liées, on a $a = b = c$ et l'existence de λ et μ est claire. Sinon la troisième colonne est combinaison des deux premières, ce qui s'écrit exactement comme demandé.

V.2.d Considérons le polynôme $D(x)$. Comme on veut ses valeurs en a, b et c il est équivalent de considérer le reste de la division euclidienne de $D(x)$ par $(x-a)(x-b)(x-c)$, i.e.

$$D(x) - (x-a)(x-b)(x-c)$$

ou encore

$$rp\theta + abc + (rp + p\theta + \theta r - ab - bc - ca)x + (r + p + \theta + a + b + c)x^2.$$

Comme on a des trinômes du second degré, ils sont égaux en trois points si et seulement si leurs coefficients sont égaux, ce qui est exactement la condition demandée.

V.2.e Par symétrie de la condition en échangeant (a, b, c) et (r, p, θ), la dernière condition trouvée est équivalente à celle demandée, ainsi qu'on l'a vu en V.2.c.

V.3 On suppose a, b et c ordonnés, pour simplifier. Par exemple $a > b > c$. Par identification on trouve immédiatement $\alpha = -a$, $\beta = a - c$, $k^2 = (a-b)/(a-c)$, $\lambda^2 = (a-c)/4$ et $sn^2(\mu) = 1 - c/a$. Cette dernière condition impose $c > 0$ et donc une telle fonction existe dès que le plus petit des trois réels a, b et c est positif, i.e. a, b et c positifs.

V.4 Pour x supérieur à $-\min(a, b, c)$, on a

$$\Pi(x) = y \Leftrightarrow \mathfrak{p}(y) = x$$

et donc l'implication résulte de *V.2.e* et de *IV.2.d* (dans cette question on voit que l'on peut modifier l'argument pour tenir compte des signes éventuels).

V.4.a θ tend vers p par définition de P_θ.

V.4.b Comme $\Pi(+\infty) = 0$, on obtient que le signe de $\Pi(\theta)$ et celui de $\Pi(p)$ sont opposés (ils sont constants par continuité et donc égaux à ce qu'ils sont à la limite). On peut fixer l'un des trois signes arbitrairement et donc, pour finir, on obtient bien la condition de l'énoncé.

V.5.a D'après ce qui précède on a

$$\Pi(\theta) \equiv \Pi(p) \pm \Pi(r) \; [\tau]$$

pour $\theta = \theta_i$ et $\theta = \theta_{i+1}$ (pour un certain p dépendant de i). Mais en tout cas

$$\Pi(\theta_{i+1}) - \Pi(\theta_i) \equiv \pm 2\Pi(r) \; [\tau] \, .$$

Le signe est indépendant de i puisque θ_{i+2} est différent de θ_i. Il en résulte que $P_{\theta_n} = P_{\theta_0}$ si et seulement si

$$2n\Pi(r) \equiv 0 \; [\tau] \, .$$

C'est bien le porisme annoncé.

V.5.b Deux coniques générales sont les intersections de cônes quadratiques de l'espace avec $z = 1$. Si on diagonalise simultanément les deux formes quadratiques associées, on obtient deux cônes comme dans l'énoncé mais on regarde leur intersection avec un plan affine quelconque. On passe d'un tel plan affine à $z = 1$ par la projection de centre O d'un plan sur l'autre. Les conditions de tangence étant préservées, le porisme est également vrai dans la situation générale à partir du moment où il est vrai dans ce cas particulier.

Chapitre 5
Indications pour les 29 petits problèmes

Exercice 1 (Une équation diophantienne cubique)

2. On introduira la « norme » $N(a+ib\sqrt{2}) = a^2 + 2b^2$ et on l'utilisera pour caractériser les éléments inversibles de $\mathbb{Z}[i\sqrt{2}]$ et pour démontrer l'existence et l'unicité de la décomposition en facteurs indécomposables par récurrence. Pour l'unicité on copiera la démonstration du même résultat dans $\mathbb{Z}$, i.e. on commencera par établir la relation de Bézout, puis le lemme de Gauß avant de conclure.

3. On montrera que $z = i\sqrt{2}$ est indécomposable puis que $y+z$ et $y-z$ ne peuvent avoir de diviseurs non inversibles en commun. On conclura en montrant que $y+z$ et $y-z$ sont des cubes.

Exercice 2 (Résolution des équations de degré 4)

1. On introduira la matrice symétrique réelle dont les coefficients sont les a_{ij}. La conique est l'intersection de son cône isotrope dans $\mathbb{R}^3$ et du plan affine $z = 1$. La dégénérescence de la conique peut être interprétée en terme de dégénérescence de la forme quadratique.

3. On écrira une équation de degré 4 comme intersection d'une parabole et d'une autre conique.

Exercice 3 (Théorie de Galois élémentaire)
On raisonnera par l'absurde et on se ramènera au cas où $\alpha = 2^{1/q}$ et P est de degré strictement inférieur à q.

On se ramènera alors à considérer un système linéaire.

Par exemple on peut interpréter le fait que $\sqrt{2}$ n'est pas rationnel sous la forme qu'il n'existe pas d'entiers tels que $a^2 = 2b^2$ mais $a^2 - 2b^2$ est aussi le déterminant de la matrice $\begin{pmatrix} a & b \\ 2b & a \end{pmatrix}$.

Exercice 4 (Théorème de Fermat pour les polynômes)

1. On pourra considérer le polynôme $P = AB' - A'B$ et montrer qu'il est divisible par le produit des p.g.c.d. de A et A', B et B' et C et C'.

On pourra exprimer le degré du p.g.c.d. de A et A' en fonction du degré de A et son nombre de racines (comptées sans multiplicités).

2. On généralisera le résultat de la première question au cas des polynômes non premiers entre eux et on interprétera la condition « A, B et C non proportionnels » en « $max(\deg(A), \deg(B), \deg(C)) > \deg(D)$ » si D est un p.g.c.d. de A, B et C.

Exercice 5 (Une équation matricielle)
Remarquer que si X est solution de l'équation, alors X et A commutent.

On utilisera ce fait pour se ramener au cas où X et A ont une seule valeur propre.

Exercice 6 (Transcendance de e)

1. On calculera
$$I_k = \int_0^{+\infty} e^{-x} x^k dx .$$

2. On montrera que, pour n assez grand et judicieusement choisi, la quantité considérée est somme d'un entier non nul et d'un réel de valeur absolue strictement inférieure à 1.

Exercice 7 (Racines carrées de -1 dans $\mathbb{Q}_p$)

2. On remarquera que si r est un rationnel non nul, on a
$$r = p^{v_p(r)} \frac{q_1}{q_2}$$
avec q_1 et q_2 des entiers (relatifs) premiers à p et on en déduira
$$N_p(r_1 + r_2) \leq \max\{N_p(r_1), N_p(r_2)\} .$$

5. Se ramener à trouver, pour n quelconque, un entier q premier à p tel que $q^2 + 1 \equiv 0 \ [p^n]$.

On pourra ensuite chercher une suite de la forme $a_n = \sum_{k=0}^n x_k p^k$ avec x_k une suite d'entiers compris entre 0 et $p - 1$. C'est-à-dire chercher a_n sous la forme d'un développement en base p « croissant ».

Exercice 8 (Zéros de certaines séries de Fourier)
On montrera que, si f est non identiquement nulle, elle change au moins $2n$ fois de signe.

Pour cela on se donnera arbitrairement $x_1, x_2, \ldots, x_{2n-2}$ dans I et on construira une fonction g de la forme
$$a_0 + \sum_{k=1}^{n-1} (a_k \cos(kx) + b_k \sin(kx))$$
s'annulant en les x_i.

Exercice 9 (Sur l'inégalité arithmético-géométrique)

1. On décomposera la fraction rationnelle en éléments simples et on montrera que

$$\log\left(\frac{a}{x}\right) = -\frac{x-a}{a} + (x-a)^2 I(x,a).$$

2. On montrera que
$$I(x,a) \geq I(1-x, 1-a)$$
si x et a sont inférieurs à $1/2$.

Exercice 10 (Dimension de Hausdorff d'un compact de $\mathbb{R}^n$)

1. On montrera que g_K est décroissante et même qu'elle prend une valeur finie non nulle en au plus un point d_0. Quoi qu'il en soit, on en déduira qu'il existe un réel d_0 tel que
 1. Si $d < d_0$, alors $g_K(d) = +\infty$.
 2. Si $d > d_0$, alors $g_K(d) = 0$.
 3. On a $0 \leq d_0 \leq n$.

Pour montrer $d_0 \leq n$, on montrera que d_0 ne dépend pas de la norme choisie sur $\mathbb{R}^n$ et qu'il est invariant si on transforme K par une isométrie (ou une similitude).

2. On montrera que d_0 ne dépend pas non plus de n en un sens à préciser.

On majorera d_0 en utilisant des recouvrements naturels de K pour lesquels $g_K(d)$ est fini. Pour la réciproque on cherchera des conditions de recouvrement. Dans le cas du carré et du segment, on raisonnera sur la surface et la longueur des boules. Dans le cas de l'ensemble de Cantor, on introduira n_k le nombre d'intervalles du recouvrement dont la longueur est comprise entre $3^{-(k+1)}$ et 3^{-k} et on montrera que
$$\sum_{k=0}^{+\infty} n_k 2^k \geq 1.$$

Exercice 11 (Ensembles semi-algébriques)
On pourra d'abord étudier la dimension 2 et montrer que le quadrant supérieur n'est pas représentable par une seule inéquation polynomiale en x et y.

Pour cela on montrera d'abord que x et y divisent P et même que la puissance maximale de x qui divise P est impaire. De même pour y.

On conclura par une étude à l'origine de $P(t, t^a)$ pour a assez grand et de parité bien choisie.

Pour passer à la dimension supérieure, on généralisera la dernière étude en considérant $P(t^a, t^b, t^c)$ pour un triplet d'entiers (a,b,c) bien choisi.

Exercice 12 (Coordonnées de Plücker des plans de $\mathbb{R}^4$)

1. On pourra interpréter les a_{ij} comme les mineurs d'une certaine matrice 4 par 2.

2. On utilisera la multilinéarité du déterminant.

3. On caractérisera E par des équations utilisant les a_{ij}.

4. On montrera que le noyau de A est de dimension au moins 2.

Pour la réciproque, on montrera d'abord que le sous-espace caractéristique associé à 0 (i.e. l'espace des x tels qu'il existe n avec $A^n x = 0$) est égal au noyau de A et on montrera que tous les endomorphismes associés à de telles matrices (antisymétriques, de noyau de dimension 2 fixé) sont proportionnels entre eux.

Exercice 13 (Polygones à sommets entiers)
On pourra montrer que le centre du polygone est à coordonnées rationnelles et se ramener au cas où c'est l'origine.

On pourra alors identifier le plan au corps des complexes et considérer l'ensemble $G = \{a+ib \ / \ (a,b) \in \mathbb{Z}^2\}$. On pourra montrer que c'est un anneau, qu'il peut être muni d'une division euclidienne, c'est-à-dire plus précisément que si x et y sont dans G avec y non nul, il existe un quotient q et un reste r, tous deux dans G, tels que $x = qy + r$ avec $|r| < |y|$ (contrairement à la division euclidienne habituelle dans $\mathbb{Z}$, le couple (q,r) n'est pas nécessairement unique).

On pourra alors en déduire l'existence et l'unicité d'une décomposition en « nombres premiers » dans G. Pour cela on introduira la notion de divisibilité dans G : $x|y$ s'il existe d dans G tel que $y = dx$. On a alors des unités ± 1 et $\pm i$ (qui sont les seuls à être inversibles dans G et à diviser tout le monde) et des nombres premiers ; ce sont les complexes p de G qui ne peuvent s'écrire comme produit d'éléments de G autres que ± 1, $\pm i$, $\pm p$ et $\pm ip$.

On introduira alors la « norme » $N(a+ib) = a^2 + b^2$ et on l'utilisera pour caractériser les éléments inversibles de G et pour démontrer l'existence et l'unicité de la décomposition en facteurs premiers par récurrence. Pour l'unicité on copiera la démonstration du même résultat dans $\mathbb{Z}$, i.e. on commencera par établir la relation de Bézout, puis le lemme de Gauß avant de conclure.

On terminera alors en remarquant que si α et β sont les affixes des deux sommets entiers consécutifs, on a $\alpha^n = \beta^n$ et on en déduira $n = 4$.

Exercice 14 (Pavages par des losanges)

3. On pourra remarquer que la condition de fermeture est exactement la condition d'indépendance du sens de parcours pour d_Π, ou encore d'indépendance de M_0 pour δ, ou encore d'antisymétrie pour δ.

On montrera le sens direct par récurrence sur le nombre de losanges élémentaires pavant l'intérieur de Π.

Pour la réciproque, on notera $d(M, N)$ le minimum des $d_\gamma(M, N)$ pour γ tracé à l'intérieur de Π et qui monte toujours et on introduira, pour N un point intérieur au contour Π, sa « hauteur » relative à Π et M_0

$$h(N) = \min_{0 \leq i \leq n} \left(d_\Pi(M_0, M_i) + d(M_i, N) \right).$$

On montrera que $h(M_i) = d_\Pi(M_0, M_i)$ pour tout point M_i du contour et que
$$h(M) \leq h(N) + d(N, M) .$$

On se servira de cela pour prouver que, dans tout triangle élémentaire à l'intérieur de Π, il existe une unique arête AC telle que $h(C) = h(A) + 2$ et AC n'appartient pas au contour. On conclura en retirant toutes ces arêtes.

Exercice 15 (Porisme de Steiner)

1. On explicitera les conditions sur (a, b, c, d) pour que
$$a(x^2 + y^2) + 2bx + 2cy + d = 0$$
représente effectivement un cercle ou une droite.

2. On travaillera directement sur les équations cartésiennes.

3. On montrera que le centre d'inversion est aligné avec les centres des deux cercles, puis on utilisera la formule donnant l'image d'un cercle-droite par une inversion trouvée dans la question précédente.

4. On se ramènera à une situation invariante par rotation.

Exercice 16 (Densité des points rationnels d'une sphère)
On étudiera plutôt le problème en dimension 2, i.e. le cas des cercles d'équation
$$x^2 + y^2 = n .$$

On utilisera une paramétrisation rationnelle du cercle, i.e. telle que si le paramètre est rationnel, les coordonnées du point qu'il paramétrise le sont aussi.

On montrera en fait que si le cercle contient un point rationnel, alors les points rationnels du cercle y sont denses. Le résultat étant encore vrai pour les quadriques.

La question de savoir si Q_n admet ou non un point rationnel est nettement plus difficile ...

Exercice 17 (Principe d'approximation forte)

2. On remarquera que si r est un rationnel non nul, on a $r = p^{v_p(r)} \frac{q_1}{q_2}$ avec q_1 et q_2 des entiers (relatifs) premiers à p.

On en déduira $d_p(r_1, r_3) \leq \max\{d_p(r_1, r_2), d_p(r_2, r_3)\}$.

4. On se ramènera, par linéarité, à approcher $x = e_i$, le i^{eme} vecteur de la base canonique de $\mathbb{Q}^{n+1}$.

Pour approcher e_i, pour $i > 0$, on pensera à écrire une relation de Bézout entre des puissances suffisamment grandes des p_j.

Exercice 18 (Autour du théorème de Weierstraß-Stone)
On écartera d'abord les intervalles contenant un entier.

On essaiera ensuite d'approcher uniformément la fonction constante égale à $1/2$ sur I. Pour cela on se ramènera à un intervalle I inclus dans $]0; 1/2]$ en trouvant un trinôme à coefficients entiers envoyant un intervalle de la forme $]m; m+1[$ dans $]0; 1/2]$.

Ensuite on itèrera un trinôme du second degré et on prouvera qu'il converge uniformément vers la fonction constante égale à $1/2$ par la méthode de Newton.

Une fois cela accompli, on pourra approcher toutes les fonctions constantes en utilisant l'approximation di-adique des réels. Il ne restera plus qu'à approcher les polynômes quelconques en approchant leurs coefficients.

Exercice 19 (Autour du théorème de Dirichlet)

1. Si $p_1, p_2, \ldots, p_r$ sont des diviseurs de P et si l est un entier tel que $b = P(l)$ est non nul, considérer le polynôme Q défini par

$$Q(X) = \frac{1}{b} P(l + b p_1 p_2 \ldots p_r X) .$$

On pourra en particulier montrer qu'il est à coefficients entiers et que

$$Q(n) \equiv 1 \ [p_i]$$

pour tout entier n et tout $1 \leq i \leq r$.

2. Considérer le produit des Φ_d pour d divisant n et montrer

$$X^n - 1 = \prod_{d|n} \Phi_d(X) .$$

En déduire que tous les Φ_d sont à coefficients entiers par récurrence sur d.

3. Raisonner par l'absurde et montrer que si m n'est pas le plus petit entier, alors $a^m \equiv 1 \ [p^2]$ et aussi $(a+p)^m \equiv 1 \ [p^2]$.

4. Utiliser le théorème de Wilson : si a est premier à p, alors

$$a^{p-1} \equiv 1 \ [p] .$$

Exercice 20 (Racines carrées continûment différentiables)
On montrera que g est dérivable en un zéro de f si et seulement si $f''(x) = 0$.

On montrera qu'alors g est en fait continûment différentiable. Pour cela on pourra considérer

$$f(y) + h f'(y) + \frac{h^2}{2} \sup_{t \in I_{2r}} |f''(t)|$$

et montrer que ce trinôme en h atteint son minimum sur $[-r;r]$, si y appartient à $I_r = [x-r;x+r]$.

Exercice 21 (Polynômes hyperboliques)

1. On introduira δ l'application linéaire de $\mathbb{R}[X]$ dans lui-même qui à un polynôme P associe son polynôme dérivé et on remarquera que $R = Q(\delta)[P]$ où $Q(\delta)$ désigne le polynôme d'opérateur $\sum_{i=0}^{n} a_i \delta^i$.

On utilisera le fait que Q est scindé pour se ramener au cas où Q est de degré 1.

On démontrera d'abord que si P est hyperbolique, il en est de même pour P'. Puis on traitera le cas où P n'a que des racines simples avant de passer au cas général. Une remarque cruciale étant qu'un polynôme de degré n à coefficients réels est hyperbolique dès qu'il a au moins $n-1$ racines réelles.

2. On exprimera encore R en termes de P, Q et δ. On se ramènera cette fois au cas où P est de degré 1. En étudiant $XQ'(X) - \alpha Q(X)$ on trouvera $n-2$ racines de la même façon que précédemment et on conclura par une étude à l'infini.

On pourra encore commencer par le cas où Q n'a que des racines simples avant de traiter le cas général.

Exercice 22 (Sur les surfaces minimales)

1. On montrera que f ou $-f$ convient.

2. On pourra étudier
$$\psi(t) = (x-y).(g(\tilde{x}_t) - g(y))$$
pour $\tilde{x}_t = tx + (1-t)y$.

3. On montrera que $Id + g$ accroît les distances et qu'elle est donc injective et d'image fermée. On montrera que son image est également ouverte en démontrant que sa différentielle est bijective.

4. On pensera à diagonaliser S.

8. On se souviendra que l'ordre dans lequel on différentie par rapport aux variables (quand on calcule une dérivée partielle) n'a pas d'importance (lemme de Schwarz).

Exercice 23 (Le théorème de Brouwer en dimension 2)

3. Faire un dessin !

4. On pourra introduire la fonction Bic qui associe à un côté d'un Δ_i^n 1 ou 0 selon qu'il est bicolore noir/rouge ou pas, puis considérer la quantité

$$\sum_{i=1}^{n^2} \sum_{\text{côtés de } \Delta_i^n} Bic(x).$$

5. On montrera qu'il existe trois suites de points, chacun d'une couleur différente, convergeant vers le même point.

On construira un homéomorphisme d'un triangle dans un cercle en se ramenant au cas du cercle circonscrit au triangle et on déformera les côtés du triangle en des arcs du cercle.

Exercice 24 (Matrices de Householder)

1. Écrire un vecteur quelconque Z de $\mathbb{C}^n$ par blocs et calculer Z^*MZ comme un trinôme en le scalaire (le bloc de taille 1).

3. Effectuer des opérations élémentaires sur les colonnes de M.

Exercice 25 (Déterminants de Vandermonde lacunaires)

1. Raisonner par récurrence et penser au théorème de Rolle.

2. On interprètera le déterminant comme un polynôme en l'un des x_i.

Exercice 26 (Caractérisation des fractions rationnelles)

1. On pourra écrire $Qf = P$ plutôt que $f = P/Q$.

2. Raisonner par l'absurde.

3. Montrer que $E_{s,k} = \text{Vect}(w_{s,k}, \ldots, w_{s+k-1,k})$ est indépendant de s (pour s grand et k est minimal pour $A_{s,k} = 0$).

Pour cela on montrera que $E_{s,k}$ et $E_{s+1,k}$ sont des sous-espaces vectoriels de dimension k d'un même espace vectoriel, à savoir

$$F_{s,k} = E_{s,k} + \mathbb{R}w_{s+k,k} = E_{s,k} + E_{s+1,k}.$$

Exercice 27 (Le théorème de Banach-Steinhaus)
Avec x comme dans l'indication fournie, on pourra montrer que

$$\|T_n(x)\| \geq \frac{|||T_n|||}{6.4^n} - \sup_{T \in L} \left\| T\left(\sum_{k=0}^{n-1} \frac{x_{T_k}}{4^k}\right) \right\|.$$

Exercice 28 (Caractères de $\mathcal{C}(\mathcal{K}, \mathbb{R})$)
On considèrera les cas les plus simples de compacts : K réduit à un point, à deux points, à un nombre fini de points.

Pour généraliser le résultat obtenu dans ces cas particuliers, on montrera qu'il existe un point x de K tel que $f(x) = 0$ dès que $\chi(f) = 0$. Pour cela on raisonnera par l'absurde et on obtiendra la fonction constante égale à 1 comme somme de fonctions dans le noyau de χ.

Exercice 29 (Théorème de Pascal généralisé)

1. On montrera que les coefficients des équations cartésiennes des coniques recherchées appartiennent à un certain espace vectoriel de dimension 2.

2. On exprimera un couple de droites comme une conique dégénérée et on en obtiendra une équation cartésienne à partir de deux coniques de l'énoncé. On en déduira que l'équation de (P_3Q_3) s'obtient comme combinaison linéaire des équations de (P_1Q_1) et (P_2Q_2).

Index

L'index renvoie soit à des numéros de pages, soit à des numéros d'exercices selon qu'il s'agit de renvois aux solutions ou aux énoncés des exercices.

adèle, 104
addition (formule d'), *problème*
anneau euclidien, *ex.* 1, *ex.* 13, 35, 86
antisymétrique (matrice), *ex.* 12
approximation forte, *ex.* 17

Bézout (relation de), 34, 85, 103
Baire (lemme de), 135
Banach-Steinhaus (théorème de), *ex.* 27
Bessel (égalité de), 123
Brouwer (théorème du point fixe de), *ex.* 23

Cantor (ensemble de), *ex.* 10
caractéristique (sous-espace), 50
caractère, *ex.* 28
carré
- modulo p, 60, 99
- somme de deux, 98
Cauchy-Lipschitz (théorème de), *problème*
cercle-droite, *ex.* 15
compact, *ex.* 10, *ex.* 28
conique, *ex.* 2, *ex.* 16, *ex.* 29
- critère de dégénérescence, *ex.* 2
conjecture abc, *ex.* 4
contact, *ex.* 20
convergence normale, *ex.* 27
coordonnées barycentriques, *ex.* 23
corps fini, 78, 132

définie positive (matrice hermitienne), *ex.* 24
déterminant, *ex.* 24, *ex.* 26, *ex.* 25
densité, *ex.* 16
Descartes (lemme de), *ex.* 25
diagonalisabilité, 50, 81
différentielle, *ex.* 22
dimension, *ex.* 10
diophantienne (équation), *ex.* 1
Dirichlet (fonctions L de), 113
distance, *ex.* 17

e, *ex.* 6
éléments simples, *ex.* 9
elliptique (fonction), *problème*
ensemble semi-algébrique, *ex.* 11

entiers, *ex.* 1, *ex.* 7, *ex.* 13, *ex.* 17, *ex.* 19, *ex.* 18
- de Gauß, *ex.* 13
équation
- degré 3, 40
- degré 4, *ex.* 2
- différentielle, *problème*
- diophantienne, *ex.* 1
étoile de Koch, 75
euclidien (anneau), *ex.* 1, *ex.* 13

faisceau
- de coniques, *ex.* 29
- de droites, *ex.* 29
Fermat (grand théorème de), *ex.* 4, 35, 46
fonction
- ζ, 112, 132
- elliptique, *problème*
- implicite (théorème des), 63
- L, 113
Fourier (série de), *ex.* 8
fractale (dimension), *ex.* 10
fraction rationnelle, *ex.* 26

géométrie projective, 140
Galois (théorie de), *ex.* 3
Gauß
- entiers de, *ex.* 13, 86
- lemme de, 34, 85
Givens-Householder (méthode de), 129

Hausdorff (dimension de), *ex.* 10
Hensel (lemme de), 61
Hermite, *ex.* 6
hermitienne (matrice), *ex.* 24
hessienne, *ex.* 22
homéomorphisme, 125
Householder (matrice de), *ex.* 24
hyperbolique (polynôme), *ex.* 21

inégalité
- arithmético-géométrique, *ex.* 9
- ultramétrique, 59
inéquation polynomiale, *ex.* 11
inversion, *ex.* 15

Koch (étoile de), 75

laplacien, *ex.* 22
lemme de Descartes, *ex.* 25

lemme de Gauß, 34, 85
lemme de Hensel, 61
lemme de Newton, 63
Liouville (théorème de), *ex.* 22
localisation des valeurs propres, 129

matrice, *ex.* 12, *ex.* 24
- équation, *ex.* 5
- hermitienne, *ex.* 24
- nilpotente, *ex.* 5, 51
- symétrique, *ex.* 22, 37, 138
mineur, *ex.* 12
minimal
- polynôme, 43
- surface, *ex.* 22
moyennes, *ex.* 9

Newton (lemme de), 63, 105
nilpotente (matrice), *ex.* 5, 51
nombre premier, *ex.* 19
norme d'endomorphisme, *ex.* 27

opérateur (polynôme), 116
ordre multiplicatif, 111

p-adique
- valeur absolue, 104
- valuation, *ex.* 7, *ex.* 17
paramétrisation rationnelle, 98
Parseval-Bessel (formule de), 123
partition de l'unité, 137
Pascal (théorème de), *ex.* 29
pavage, *ex.* 14
Plücker (coordonnées de), *ex.* 12
point fixe (théorème du), *ex.* 23
polaires (laplacien en coordonnées), 122
polynôme, *ex.* 3, *ex.* 2, *ex.* 4, *ex.* 6, *ex.* 11, *ex.* 18, *ex.* 19, *ex.* 21, *ex.* 22, *ex.* 25
- cyclotomique, 112
- d'opérateur, 116

- minimal (d'un entier algébrique), 43
- suite de Sturm, 129
- trigonométrique, *ex.* 8
Poncelet (grand théorème de), *problème*
porisme
- de Poncelet, *problème*
- de Steiner, *ex.* 15
projective (géométrie), 140

quadrique, *ex.* 16

résultant, 63
racine
- de fonction, *ex.* 20
- de l'unité, *ex.* 19
rationnel, *ex.* 7, *ex.* 17, *ex.* 16
- paramétrisation, 98
Rolle (théorème de), 116, 130

semi-algébrique (ensemble), *ex.* 11
sous-espace caractéristique, 50
Steiner (porisme de), *ex.* 15
Sturm (théorème de), 129
surface minimale, *ex.* 22
symétrique (matrice), *ex.* 22, 37, 138
système linéaire, 78

Taylor (formules de), 114
théorème de Weierstraß-Stone, *ex.* 18
transcendant (nombre), *ex.* 6

ultramétrique (inégalité), 59

valeur absolue, *ex.* 7
- p-adique, 104
- classification sur $\mathbb{Q}$, 61
valeur propre (localisation), 129
Vandermonde (déterminant de), *ex.* 25

Weierstraß-Stone (théorème de), *ex.* 18

MIX
Papier aus verantwortungsvollen Quellen
Paper from responsible sources
FSC® C105338

If you have any concerns about our products,
you can contact us on
ProductSafety@springernature.com

In case Publisher is established outside the EU,
the EU authorized representative is:
**Springer Nature Customer Service Center GmbH
Europaplatz 3, 69115 Heidelberg, Germany**

Printed by Libri Plureos GmbH
in Hamburg, Germany